教科書沒有告訴你的
奇趣冷知識

人體篇

明報出版社編輯部 編著

目錄 ••

人體偵探筆記

身體裏的角落小生物

不太乾淨卻很有用

令人震驚的日常

最老的人

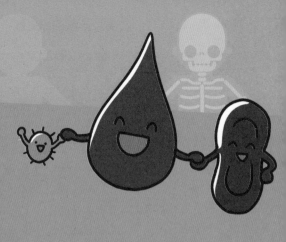

人體之最奧運會

我們身上哪個部位
最堅硬？

　　鋼鐵是一種非常堅硬的材料，可以用來製造汽車、飛機和興建大廈。想不到，原來我們人體竟然有一個部分比鋼鐵更堅硬，我們還會經常運用到它，那就是你口腔內的牙齒了。牙齒是人體中最堅硬的組織，甚至比我們的骨骼更堅硬。

　　根據物理學家的分析，大自然中最堅硬的東西是鑽石，硬度為10；鋼鐵這種常用的金屬材料，硬度為5；至於我們的牙齒，硬度則介乎6至7。牙齒這麼堅硬的原因，是為了方便我們把固體的食物嚼碎進行消化。因此，你吃自助餐時能把不同的食物咬開，品嘗到內在的美味，都得感

謝這些強硬的牙齒呢！

　　牙齒擁有這非一般的硬度，是因為它被一種稱為「琺瑯質」的物質覆蓋。琺瑯質的顏色是半透明偏白色，覆蓋着我們每一顆牙齒，它主要由鈣、磷等礦物組成，硬度非同小可，可以為牙齒建立起堅固的外層，保護牙根較為脆弱的部分不受破壞。

　　琺瑯質可以反映牙齒的健康度，讓我們現在拿出鏡子來照一下，看看牙齒的顏色。如果你的牙齒潔白，那就可以放心，你的牙齒很健康；但如果你的牙齒變成了深黃色，那就代表琺瑯質正在漸漸流失，露出內層的象牙質了。

　　雖然琺瑯質非常堅硬，但仍然有磨損的風險。如果一個貪吃的小孩常常吃糖果、碳酸飲品等零食，加上不勤力刷牙，琺瑯質便會被大量的細菌、糖分和酸性物質侵蝕，變成讓我們非常難受的蛀牙了。除此之外，咬碎冰塊、把牙齒當工具咬開物件等這些不良的習慣，也會讓琺瑯質磨損。現在你終於明白牙科保健時，牙醫為什麼總是叮囑你要早晚清潔牙齒、少吃甜食的原因吧！

哪個是人體 最大的器官？

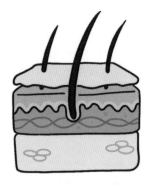

提起人體器官，你會想到哪些呢？是不是會想到身體裏面的心、肝、脾、肺、腎？不過原來有一個器官，是在身體之外，而且還是人體中最大的器官。沒錯！就是我們的皮膚！

皮膚就像一件巨大的衣服，把我們從頭到腳包起來，形成一層屏障，抵擋外來的刺激，保護我們的骨頭和內臟。身體不同部位的皮膚，厚度也有不同，比較薄的是眼瞼、眼睛下方等皮膚；而比較厚的是手掌、腳掌等皮膚。皮膚的厚度還會因為人的年齡、性別而有所不同。

按一個正常體型的成年人來說，全身皮膚的面積大約有1.5至2平方米，重量佔體重約15%，即是如果那位成年人的體重是70公斤，那麼皮膚就大約有10至11公斤左右。

　　在結構上，皮膚可分為表皮層、真皮層和皮下組織共三層。表皮層是皮膚最外面的一層，有助保護身體免受外物磨擦的傷害，減少身體裏的水分流失，也防止外面的水分、細菌、灰塵等進入體內。這一層可細分為五層，最外面的是角質層，最裏面的叫基底層，是製造新細胞的地方。細胞從基底層一邊生長一邊往上移，直至去到角質層，大約需要28天，到時其實細胞已經死去，更會脫離皮膚；真皮層裏面有很多微血管和神經，使我們感受到不同的感覺，例如冷、暖、疼痛、壓力等，而且真皮層含有豐富的水分、膠原蛋白等，令我們的皮膚柔軟而具彈性；皮下組織有大量的脂肪細胞，有助我們保持暖烘烘的，並在身體受到衝擊時作為緩衝。

　　皮膚能保護我們的身體，當然我們也要好好保護皮膚，而我們保護皮膚的其中一個方法就是做好防曬措施。由於陽光的紫外線能穿透表皮層，直達真皮層，當皮膚吸收的紫外線愈多，黑色素就會大量產生和積聚，皮膚也就變得愈深色。如果長時間暴露在太陽下，又沒有做好防曬措施，就會令皮膚變得通紅、疼痛、脫皮，嚴重的更可能導致皮膚癌啊！因此我們必須為皮膚做好防曬，不要讓皮膚受傷害。

哪個是人體裏 最小的細胞？

　　細胞是人體裏最細小的生命，也是人體最基本的構成。近年有科學團隊的研究發現，每個人的體內平均有超過37兆個細胞，1兆就是1後面有12個0！你就可以想像到這是多麼大的一個數量！假設我們要把一個人的每個細胞獨立分離出來，然後為它們逐一點名，這項工作估計要超過100萬年才能完成！

　　在人體裏這麼多個細胞中，它們都有不同的種類，例如血細胞、表皮細胞、神經細胞、肌肉細胞、脂肪細胞等。當中血細胞又可細分為紅血球、白血球、血小板等。各種細胞因應存在的環境、各自的功能等因素而有不同的

形態和大小。既然細胞是人體裏最小的組成部分，那在這麼多的細胞當中，哪一種細胞是「小中之最」呢？

原來人體中最小的細胞是血小板，人們最初發現血小板時，稱它為「血液中的灰塵」，可以想像得到血小板的細小程度。血小板的形狀是不規則的，有橄欖形、盆形、梭形等；而且血小板不但體積小，連數量也較少，真的是小而珍貴的細胞啊！

不過血小板雖小，但功能卻非常重要，血小板有凝血和止血的功能。在一般的情況下，我們的心臟不斷跳動，血液中的紅血球不停歇地為身體各處輸送氧氣和帶走二氧化碳，血小板就在血管內壁安靜地休息。不過當人體出現傷口流血時，血小板就會收到求救信號，然後立即召集大量血小板組成急救隊，衝到傷口那裏，使血液凝固，堵塞傷口附近的血管，阻止更多的血液流出去，達到止血的效果。

如果血小板的數量太低或功能不正常，容易出現流血不止的情況。另外，皮膚常有瘀青，經常流鼻血、牙齦出血，甚至因體內出血而有血便、血尿等現象，都有機會是血小板過低帶來的問題。

血小板不能太少，但也不能太多。因為當過多的血小板聚在一起時，會使血液凝固成血塊，堵塞血管。血管裏血液流動不順暢，可引致嚴重後果，例如腦中風。

所以，別看血小板個子小小，它對人體的運作和維持身體健康可是十分重要的呢！

最長壽的人
有多長壽？

　　隨着現代醫學科技進步，人類的平均壽命亦愈來愈長。唐代大詩人杜甫曾寫：「人生七十古來稀」，意思是在古代的時候，年屆70歲的老人已算非常稀有。時至今日，70歲的長者比比皆是，有些剛剛退休，有些甚至仍在工作。每當親友生日，我們總會祝賀他們長命百歲。現實中，真正能長命百歲的人又有多少？

　　相傳彭祖是中國古代最長壽的人，總共活了800歲，但這只是傳說，並不合乎醫學常理。踏進現代，人類才對自己的壽命上限有着更清晰的統計。年紀超過100歲以上的人，稱為「人瑞」；若活至110歲或以上，更可被稱為「超

級人瑞」。根據老人學研究組織的數據，1,000個人瑞中，只有1個可活到110歲或更長。

截至當下，我們已知史上最年長的人，是法國的讓娜·路易斯·卡爾芒（Jeanne Louise Calment）。這位女士生於1875年2月21日，逝世於1997年8月4日，共生存了122年又164日，比她的女兒和孫兒還要長壽，實在非常驚人。至於史上最長壽的男性，則是日本的木村次郎右衛門，紀錄為116歲。

日本是許多長壽人瑞的「產地」，世界衛生組織發布的《世界衛生統計》指出，日本人的平均壽命連續多年居於世界第一，相信與日本人的飲食習慣、居住環境、運動習慣有關。

值得一提，我們香港人的壽命紀錄，與日本相比起來亦毫不遜色。根據聯合國數據，香港人瑞數量屬世界第三名。若計算出生時的平均預期壽命，香港更超越日本，成為第一，達87.9歲。這與香港密集而成熟的醫療網絡不無關係。

可是，壽命過長對於人類來說未必是件好事。一方面，活得長並不等於健康，部分長者的晚年只是依靠醫療技術支撐壽命，需要承受漫長的身體痛苦。

身體最沒有智慧的器官是什麼？

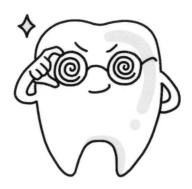

　　智慧齒是口腔牙槽骨上最裏面、最遲長出來的臼齒，最多會長4隻。可別以為多了牙齒是好事！一旦長出智慧齒，壓迫旁邊的牙齒，造成蛀牙發炎，只會讓人痛得大叫：「這哪來的智慧！」

　　沒有智慧的智慧齒，為什麼會有這樣的名字？據說是因為它一般長於16至35歲期間，正值一個人的智力發育高峰期，因此生智慧齒被看作是「智慧到來」的象徵。

　　在牙科不發達的古代，古人口腔衛生不理想，即使蛀牙了也沒有牙醫診治，少不免要掉幾枚牙，此時智慧齒便

發揮後備作用。可是來到現代，牙齒保健技術發達，成年人牙齒甚少脫落，即使脫落亦可用假牙代替，智慧齒就更加多餘了。

　　現代人的額骨較古人小，智慧齒沒有多少空間生長，不管以什麼角度長出來，小小的口腔幾近容不下它。許多人以為智慧齒沒有發出痛楚便無需理會，但其實無論如何都有機會滋生細菌導致牙肉發炎、牙齒囊腫，同樣有機會需要拔除。

　　拔除智慧齒的手術殊不簡單，處理不當隨時傷及神經。由於智慧齒牙根深入牙槽骨，位置也不便牙醫操作，智慧齒手術往往需要先切割牙冠，再連同牙根逐一取出。此類手術需要麻醉，手術後也會因牙肉傷口癒合而發痛，或令面部腫脹。難怪大家都對它恨之入骨！

　　既然智慧齒對人類來說已經沒什麼實際作用，難免會在進化的過程中遭到淘汰。最新的醫學研究指出，由於人類咀嚼食物能力不斷增強，還有加工食品推陳出新，我們的臉部將會變得愈來愈短，新生兒生智慧齒的機率亦會愈來愈低。如果智慧齒能順應人類進化而自動消失，才是真正有智慧的牙齒呢！

胃酸的酸性究竟
有多強大呢？

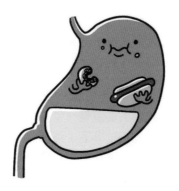

　　胃酸就像我們體內的一種化學武器，又像火山熔岩一樣，能夠把跌進去的所有東西通通溶掉，聽起來十分可怕。但我們可別被它嚇怕！胃酸，顧名思義是胃部裏的酸性液體，它是人體消化系統的重要一員，負責把經過咀嚼的固體食物加以分解消化。沒有了胃酸，「奇形怪狀」的食物們，可不會如此順利地被我們身體吸收。

　　要說胃酸到底有多酸，首先我們要先了解一下酸鹼度。我們會以pH值來表示不同溶液的酸鹼度，這個數值範圍由0至14，7為中性，0至7是酸性，7至14是鹼性。因此pH值數字愈小，代表它的酸性愈強烈，例如我們日常的飲用

水pH值處於7至8，煮食用的醋則是2.9，能作為攻擊性武器的硫酸能達到0至1的程度。而我們的胃酸是由鹽酸組成，其pH值屬於0.9至1.5，僅次於硫酸，有能力把鋼鐵溶掉，腐蝕性不容小看。胃酸會把食物內的蛋白質、碳水化合物等營養分解，消化一切進入胃部的食物。胃酸也扮演着「守護者」的角色，負責殺死躲在食物裏，伺機傷害我們的微生物。

盛載着這麼「危險」的腐蝕性液體，為什麼我們的身體卻沒有受到傷害？這多得我們胃部的設計。胃部的內壁有一層黏液，可以分解胃酸中的蛋白酶，提供了超強的防禦力；而且胃壁的再生能力極佳，可以快速生產細胞，即使胃酸損壞了胃中的黏膜，胃部也可以對損壞的部分進行修復，讓胃酸不至於破壞我們的器官。

當然，我們身體的設計再佳，偶爾也會有失靈的時候。其實，我們大部分人都曾切身感受過胃酸的威力，那就是嘔吐的經驗。你還記得嘔吐是有多難受嗎？當我們把排斥的食物吐出來，喉嚨會伴隨一種灼熱感，那就是當少量胃酸翻滾上喉部的後果了。這時候，你會需要喝杯清水，才能把喉嚨上的酸性清理掉。總而言之，胃酸是一種需要「小心使用」的化學武器。當它的分量處於適中水平，它既可以消化食物，又可以殺滅微生物。可是一旦過量，便會為身體帶來各種不良反應了。

腸道的長度和面積
有多驚人？

　　人的腸道包括大腸和小腸，是消化系統裏的重要成員。食物從口腔進入人的體內，經過食道和胃，先來到小腸，然後才是大腸。小腸會吸收大部分的水分、營養等，餘下的少量去到大腸的時候才吸收。在大腸裏吸收和消化不到的食物殘渣、液體、已死的細胞、細菌等物質，就會變成糞便，排出體外。看來我們的肚子好像可以裝不少東西，不如一起來了解跟小腸和大腸有關的驚人數字吧！

　　小腸是有很多皺摺的，跟一些吸管彎彎的摺疊部分相似，摺疊時看起來比較短，拉直的話可增加長度。至於大腸蠕動時會產生皺摺，但其實它的內壁是光滑的，在不斷

伸縮的蠕動運動中，可以把消化中的食物逐漸推向直腸和肛門，排出體外。假如我們把小腸和大腸都拉直來計算，一個成年人的大腸約有1.5至2米長，小腸的長度更可達5至7米，是身高的5至6倍。腸道每時每刻都在工作，一個人的腸道一生平均要處理65噸食物和飲料，換句話說，我們一生總共要消化12頭大象呢！

消化中的食物來到腸道時已呈粥狀，通過又長又彎又多皺摺的小腸時，小腸壁內的約50萬根絨毛，會盡量吸收食物中的營養和水分。因此愈多的絨毛，就愈能幫助吸收。

食物要經過這樣長的腸道旅程才能排出體外，需要花很多時間嗎？這要視乎食物的種類，不同的食物需要的消化時間都不同，例如清水、果汁等液體最容易消化，也最快被排出體外；水果類、蔬菜類，又會比肉類容易消化。因此，我們在同一頓飯或者一天內吃進肚子裏的食物，並不是同一時間完成消化和排出體外的。一般而言，食物在腸道內逗留的時間約為3至8小時。

根據人的腸道長度、進食的東西、進食時的習慣等，每個人的消化和吸收時間都不同，反而良好的排便習慣更加重要。糞便在大腸內最長可停留48小時才排出體外，停留的時間愈長，糞便就愈硬，這樣會增加排便時的困難，容易導致便秘。有研究指，排便次數由每天3次至每周3次都是正常的，可是如果我們由每天都有一次排便，突然變成一天多次，或幾天才有一次，那就要特別留意了。

身體的奇怪
小現象

為什麼手指腳趾
浸水後會皺皮？

洗澡總是令人愉快的，你待在浴缸裏哼歌、發白日夢，一直忘我地洗着洗着，突然你打開手掌發現手指頭都變得皺巴巴的，有着奇怪的觸感。如果此時你看看你的腳板，也會發現腳趾頭同樣變皺了！可是身體的其他皮膚依然是正正常常，沒有起皺。為什麼我們整個身體都泡在水中，但只有手指和腳趾會起皺，其他部分的皮膚卻不會呢？

這種皺紋維持的時間其實非常短暫，一般在我們離開水後5至10分鐘便會消失。數十年來，科學家一直研究這類由水短暫引起的皮膚皺紋有何用處，並提出了不同的說

法。起初，科學家以為是水滲透進手指細胞，導致皮膚腫脹，但這解釋不了為什麼只有指頭受到影響。後來，另一些醫生發現，指頭起皺的現象不會出現在因受傷而神經斷裂的病人身上，這個謎團才逐漸揭曉。原來，水引起的指尖皺紋，是由自主神經系統所控制的。自主神經系統是我們人體內的一個自動機制。當我們的手腳浸在水中時，神經系統會指揮手指、腳趾上的汗管打開，從而使周圍的血管收縮，把皮膚向下拉，形成皺紋。

別輕看指尖上這些微小的變化，它可是默默地發揮着巨大的作用。這種看起來不太美觀的皺紋，其實有着非常實用的功能，它能幫助我們在濕滑的環境中更容易抓住物件。皺紋增加了手指和物件之間的摩擦力，讓我們用更小的力度便能夠牢牢地抓住一件物件。腳趾的原理也一樣，皺紋提供了更好的抓地力，就像汽車輪胎的坑紋，減少我們在濕滑地面跌倒的風險。

可能你會疑惑既然皺紋的好處那麼多，為什麼我們的手指和腳趾不長期保持皺起的狀態？這問題雖然沒有標準答案，但科學家一般推斷，由於長期的皺紋會影響我們觸摸物體的感覺，令觸覺會變得遲鈍和不夠細緻，所以指頭在乾燥時會保持平滑，遇上水才泛起皺紋，就是最便利我們日常生活的模式。

你懂得笑嗎？

　　笑一笑，大家都是輕輕鬆鬆就能做到的事，但其實當中包含了很多複雜的原理！人類天生便是懂得笑的動物，其實我們還在媽媽肚子裏時，就已經懂得展現微笑了。笑是我們表現友善、快樂等正面情緒的其中一種方式，可以是品嘗到美食的滿足笑容，也可以是觀賞喜劇電影時的哈哈大笑。不同形式的笑容，都會使我們腦中的胺多酚增加，達致減壓、去除焦慮、放鬆身心的效果。

　　人類嘴部兩側有一組稱為「笑肌」的肌肉，它負責控制我們嘴角向上揚，製造出微笑的樣子。若想要笑得更燦爛，笑肌還需要跟其他十多組臉部肌肉協調，才能塑造

出不同感覺的笑容，像甜笑、微笑、淺笑等。如果是極度興奮的捧腹大笑，我們的嘴巴會張開，然後發出「哈哈」的笑聲，加上肢體動作，就牽涉更多的肌肉了，不止是臉部，更包括腹部、背部和四肢。笑，真的是一個很複雜的動作，缺少了任何一組肌肉的參與，也會讓我們「笑不出來」。

但原來除了上述這些我們發自內心的笑容，還有一些不是因為開心愉快而出現的笑容。例如苦笑，即是其實我們心情並不愉快，但仍勉強地裝出來的笑容；假笑，即是我們違背自己意願刻意裝出的笑容，也就是廣東話所說的「皮笑肉不笑」。那麼，我們能分辨出真假的笑容嗎？19世紀的神經科學家發現，當人們作出刻意或出於禮貌的微笑，只會把嘴角提起來，而真正因內心歡愉而展露的笑容，眼眶上的肌肉會自然收縮，形成下彎的笑眼。笑眼是下意識的肌肉活動，無法故意擠出的。

還有一類屬於「反射性」的笑。最常見的例子就是當別人在你的腋窩搔癢，你會不由自主地笑出來。而這類不能自主控制的笑，跟上文介紹的笑容，原理大不相同。被搔癢的笑，其實是人類的一種自我防禦機制，在我們身體的敏感地方受「騷擾」時就會自動發動，來減輕不適。因此，被搔癢的人雖然在笑，心裏真正的感覺卻可能是不舒服甚至抗拒，會一邊笑同時一邊蜷曲身軀和嘗試逃走，千萬不要把對方的笑當成享受的意思，不然隨時會損害雙方的關係啊。

右撇子和左撇子
的分別？

　　根據統計，世界上大部分人都是「右撇子」，使用右手來處理生活中的大小事務；慣用手為左手的「左撇子」，大概佔人口的十分之一，是隨處可見的「少數族群」。你身邊有左撇子的朋友嗎？還是你自己便是左撇子？你有因此遇上過什麼困難嗎？

　　如果你是左撇子，你得感恩自己是生於思想較為開明的現代！左撇子在古代社會時常受到歧視，譬如猶太教的左撇子教士，便不被允許在教會傳道。我們許多日常生活的用品，像剪刀、樂器、球拍等，也通常按右撇子的使用習慣而設計，所以左撇子用起來會感覺些許不便。有些左

撇子小孩，甚至會被家長或老師認為不正常，要求他們強行使用右手，留下不好的回憶。

左撇子和右撇子，究竟有何分別呢？有些腦神經學家認為，人偏向使用哪隻手，跟他哪半腦的主動性較強有關。左撇子右腦較強，主管空間認知、音樂天賦、感性思考，因此左手人較右手人有創意。

歷史上有許多名人也是左撇子，像凱撒大帝、拿破崙和梵谷；很多藝術天才如達文西、莫札特和米高安哲羅更是「雙撇子」，雙手皆能活用自如；達文西甚至能夠用左手，由右向左反方向寫出文章。

左撇子是否天生，目前的統計數據亦沒有定論。的而且確，如果小孩的父母都是左撇子，孩子都是左撇子的機率會高一些；另外雙胞胎用左手的機會也比較高，這可以反映用手傾向或許跟基因遺傳有關。而且有研究指出，胎兒還在媽媽子宮內的時候，就已經會展現出使用左手還是右手的偏向呢。

誰搶走了
我們的尾巴？

許多動物身上都有尾巴，包括我們熟悉的小貓、小狗，在天空飛翔的雀鳥、水裏游的魚兒，到體型巨大的獵豹、河馬都有。你有否曾經想過為什麼我們沒有尾巴呢？

不同動物的尾巴各有不同的功能，有些是為了控制方向，有些是為了表達情緒，有些甚至可以成為攻擊武器！這樣萬能的部位，為什麼沒有出現在我們的屁股後面呢？

其實我們也是有「尾巴」的。在媽媽肚子裏成為胎兒時，我們是擁有一條小尾巴的，尾巴隨着胎兒成長逐漸變短，然後慢慢消失，只剩下一小截骨頭，稱為「尾骨」。

因此嚴格來說，我們是有尾巴的，只是很難從外表看得到。

科學家估計在1,500萬至2,000萬年前，我們和人類所屬的「人猿總科」裏的動物學會直立行走後，本來用來幫助平衡的尾巴失去了最主要功能，便漸漸消失了，而我們就成為了少數尾巴結構退化的動物。

雖然現在我們的尾巴變得毫不起眼，但也不是沒有用處的。當我們坐下時，尾骨仍然是其中一個主要的身體支撐點，讓我們坐得四平八穩；而在移動時，尾骨亦會和盆骨協調，幫助我們行走和跑步，還有排泄！

不過在某些罕見的案例中，人類新生兒會長出由脂肪和軟骨組織合成的「假尾巴」，或是如假包換的「真尾巴」。在巴西就曾記錄一名長有尾巴的嬰兒，他的尾巴長達12厘米，末端生有肉球，還能夠自我操控，非常驚人。

如果有一天醒來我們突然發現所有人都長出了尾巴，世界會有什麼改變呢？沒有尾巴的人反而會成為特別的存在，衣服也得開個小孔來安放我們的小尾巴，甚至連生活習慣也會因而改變——人們也能像猴子一樣，可以用尾巴懸掛身體了。

指甲不斷在生長？

　　你的手指甲和腳趾甲是怎樣的？多久要剪一次指甲？你有沒有想過，指甲原來每一秒都在生長，從不會停止？

　　人的十隻手指和十隻腳趾上面都有指甲，指甲是皮膚的附屬構造，幫助保護我們的四肢指端。指甲由表皮細胞演變出來的硬角質蛋白組成，表皮細胞會不斷生長，所以指甲也是在不斷生長。以手指甲為例，手指甲底下向着手指關節那一端，有一小部分的指甲藏在皮膚裏面，那裏是甲根，即是指甲的根部。指甲從甲根長出來，露出通稱「指甲」的部分，其實叫做甲板。甲板底下是甲牀，甲牀佈滿微絲血管，所以我們看到的甲板主要呈現淡粉紅色，

超出甲牀、突出於指尖之外的甲板是奶白色的。

　　指甲的生長速度受到年齡、性別、氣候等因素影響。嬰兒和老人的手指甲生長速度較慢，10至14歲處於青春期的少男少女，他們的指甲生長得最快。由於長大後新陳代謝逐漸變慢，指甲的生長速度也會慢下來。一般情況下，成年人的手指甲在一至兩個星期大約長1毫米，一個月約長3毫米。另外，男性的指甲長得比女性的指甲快，指甲在夏天長得比冬天快。

　　還有個說法是，指甲受到的刺激比較多、經常摩擦指甲的話，指甲會長得較快。所以，對右撇子來說，右手指甲會長得比左手指甲快。不過，即使是同一隻手，五隻手指的指甲生長速度也不同。中指指甲長得最快，尾指指甲長得最慢。

　　由於手指比腳趾的活動多、損耗大，手指甲長得比腳趾甲快。腳趾甲大約要一個月才長1毫米，比手指甲慢至少兩倍。既然指甲一直在生長，如果不剪指甲會怎樣呢？不剪指甲，或者很久才剪一次指甲，指甲仍然會繼續生長，但生長速度會減慢。可是指甲太長，便有機會藏污納垢或者刮傷身體其他部位的皮膚，而且會造成生活上的不便啊！

為什麼會眼皮跳？

　　有時我們會感覺到自己的眼皮在跳動，短則幾秒，有時持續一兩分鐘，長的甚至可能維持幾天。俗話說「左吉右凶」，人們認為左眼眼皮跳會有好事發生，右眼眼皮跳就可能有不好的事。也有人說眼皮跳可能是腦中風的先兆！究竟為什麼眼皮會跳呢？眼皮跳其實又代表什麼呢？

　　其實短暫的眼皮跳是正常的，一般是由於精神緊張、壓力太大、疲倦、眼睛使用過度、睡眠不足等問題導致的。飲食習慣、眼部疾病、服用藥物的影響等，也會導致眼皮跳。

眼皮又叫眼瞼，眼皮跳是指非自主性的眼瞼肌肉抽搐或痙攣，大多表現在上眼瞼出現不自主的跳動。人的臉上有很多血管和神經，我們有細微的情緒變動都會影響到面部的神經，從而做出不同的表情。眼瞼內的神經極為敏感，在情緒過分緊張，或腦部血液循環較差的時候，大腦傳送信息到顏面神經，使眼皮的肌肉不自覺地重複跳動起來。

　　通常我們不用刻意做什麼，眼皮跳也會自然會停止，不會影響日常生活。要是你太過在意它，使自己更加緊張，可能反而會愈跳愈厲害。

　　如果在出現眼皮跳的時候想紓緩症狀，我們可以放鬆心情，多點休息，也可以用熱毛巾敷在眼睛上，讓緊張的肌肉得到放鬆。平日多吃綠葉蔬菜、堅果等，補充鈣和鎂，並且減少看電子屏幕，不要長時間使用電話、電腦等，因為眼睛也需要充分休息的呢！

為什麼我們會 「起雞皮」？

　　我們口裏常說的「起雞皮」，即是起雞皮疙瘩，為什麼這種情況要叫成「起雞皮」，而不是起豬皮、貓皮或狗皮呢？我們又為什麼會突然「起雞皮」呢？我們要變身成一隻雞了嗎？

　　當然不是！「起雞皮」其實是皮膚的一種自然反應，只是皮膚一種短暫性的變化。先來說說為什麼要叫「起雞皮」，來看看它的原理，我們的皮膚上長有很多體毛，而這些體毛的根部都長在一種叫「立毛肌」的肌肉上。當立毛肌收縮時，原本平躺着的體毛就會豎起，皮膚就會一起被拉動令部分皮膚隆起。原來這個時候的皮膚，就會變得

有如脫了毛的雞皮一樣啊！

　　起雞皮疙瘩這個反應，其實不止出現在人類上，其他恆溫動物也同樣會起雞皮疙瘩。可是它有什麼實際功用呢？其中一個功用是當我們受到驚嚇或感到害怕時，就會起雞皮疙瘩。這是身體的一種防衛機制，皮膚作為保護身體的第一道防線，立毛肌就在我們受到外來刺激時作出反應，以保護我們的身體；多毛的動物更可以藉着令毛髮豎起，而令自己的體型顯得較為巨大，希望可以嚇退敵人或作威脅。

　　試回想一下，你還會在什麼情況下起雞皮疙瘩呢？沒錯！就是當我們覺得寒冷時，打個冷顫之後，便會起雞皮疙瘩。這是因為當皮膚受到寒冷的刺激時，肌肉收縮不但可以產生熱量，閉上毛孔也能減少體溫的流失，豎起的毛髮也令體毛之間的空氣增加，可以有效隔熱，從而達到保暖的效果。

　　不過其實人類經過多年的進化演變，毛髮已經不如古代人般長及濃密，就算豎起了也不怎樣明顯，令到起雞皮疙瘩這個保護機制的效果大打折扣。因此，當你感到寒冷時，還是快點多穿衣服比較實際，不要靠「起雞皮」來為自己保暖了！

大腦產生的電力足以讓燈泡亮起來？

　　原來我們的大腦時時刻刻都在「發電」，大腦產生的電力更足以讓燈泡亮起來呢！不過別高興得太早，我們不會因此節省了家中的電費，不如一起看看是怎麼一回事吧！

　　我們的大腦裏面大約有860億個神經細胞，神經細胞又叫神經元，能夠與其他神經元溝通、傳遞信息，這是它們跟一般細胞不同的地方。大腦要處理很多工作，無時無刻都在接收身體不同部位傳來的信息，並迅速作出反應，傳送指令到身體各處。就連我們睡覺時，大腦仍然繼續運作。神經元與神經元溝通的時候，會產生微弱的電活動。

如果用科學儀器來測量並放大來看，可以看到像大海波浪那樣一時上一時下的曲線，所以把它叫做「腦電波」。

大腦不斷在運作，於是不斷在發電。假如把大腦860億個神經元產生的電加起來，足以亮起一個燈泡呢！可是，為什麼我們感覺不到大腦有電呢？這是因為神經元之間的活動比電線中的電流複雜得多，而且傳送電流的速度比電線慢，電壓也不一樣。

如果把大腦產生的電全部拿去亮起燈泡，大腦就無法接收和處理身體各部分傳送過來的信息，指令也傳送不到出去，包括呼吸。身體大部分機能不可以正常運作，我們很快就會死去！千萬不要以為「腦力發電」真的可以用來亮燈泡啊！

在醫學上，腦電波有助評估腦癇、腦瘤、腦血管疾病、腦部損傷等問題。抑鬱症、阿茲海默症等患者的腦電波，跟一般人的腦電波不同。科學家正着力研究和長期追蹤，希望能多些了解疾病成因，找出更好的治療方法。

此外，研究人員結合人工智能和腦電波檢測技術，研發出可用腦電波命令電腦打字，也可以操控機械義肢等，幫助行動不便甚至是癱瘓的病人改善生活。

我們不能同時
呼吸和吞嚥嗎？

　　我們進食時，在口腔裏咀嚼了食物一會兒，「咕嚕」一聲就把它吞進肚子裏。喝水時，也是「咕嘟咕嘟」地吞進去。你有沒有留意過，原來我們在做吞嚥這一下短暫的動作時，會暫時停止呼吸？也就是說，吞嚥和呼吸是不能同時進行的。

　　首先簡單了解一下，空氣和食物分別是怎樣進入人體的。空氣從鼻腔進入喉嚨，經過氣管，進入肺部；食物從口腔進入喉嚨，經過食道，進入胃部。你發現了嗎？空氣和食物都要經過喉嚨，才能進到各自要去的管道。就像兩

條不同路線的火車軌，經過一個重疊、共用的部分，然後再分開。

　　人體是怎樣控制空氣和食物按照各自的路線進入體內呢？那就要靠一塊叫「會厭」的器官了。會厭位於氣管頂部、聲帶上面，由軟骨和軟組織組成，正常是薄片狀的。吞嚥的時候，會厭向下遮蓋着往上升的氣管入口，讓食物準確地進入食道，不要誤入氣管，也不要跑進鼻腔裏；呼吸時，會厭不會向下，讓咽喉到氣管的位置保持暢通。所以，我們吞嚥時不能呼吸，呼吸時不能吞嚥。

　　完成吞嚥動作後，我們通常會輕輕呼出一口氣，就是為了避免將殘留在咽喉的食物或飲料吸進氣管。萬一食物誤入了氣管，就會使我們嗆到，我們會猛烈地咳嗽，把「走錯路」的食物咳出來。這是身體一個重要的自我保護機制。

　　如果一邊吃一邊說話，會厭可能來不及遮蓋食道，食物就容易落入氣管；吃得太快、吃得太大口等，也使人容易嗆到。難怪大人常叫我們吃東西時不要說話，而且要慢慢吃啊！

人到了太空會長高？

　　我們都知道，地球有地心吸力，能把地面上的東西往地心方向吸住，包括我們每一個人。到了太空，人和物件不受地心吸力影響，我們會看到太空船裏的物件在飄浮，太空人也不能「腳踏實地」。聽說人在太空待久了，還可以長高呢！那麼，多去幾趟，能再長高一點嗎？

　　太空是一個無重力或微重力的環境。人長時間留在太空，少了重力向下拉扯，脊椎各節脊椎骨之間的壓力減少，使脊椎骨互相連接的位置，也就是脊椎椎間盤的空隙增大，於是人就會「拉」長，即長高了。一般來說，人的脊椎椎間盤空隙變大，可使人長高1至2厘米。一名美國太空人在太空

逗留了接近一年，他比起在地球時長高了5厘米！

你有沒有留意，其實你在早上的身高，會比晚上的身高稍為高一點？這跟太空人「長高」的原理相近。我們晚上睡覺的時候躺在牀上，脊椎椎間盤的空隙增加，使我們在早上時變高了。多做伸展運動，拉鬆筋骨，也有助我們長高。

可惜的是，太空人的長高現象只是暫時的。為什麼這樣說呢？因為太空人回到地球之後，再次受到地心吸力的影響，脊椎椎間盤空隙也再次跟着變小了，變回原來在地球時的身高。所以即使太空人能多次來回太空和地球，也不能保持在太空中變高了的身高，更不會因此而持續長高。

那麼除了長高，在太空之中，太空人的身體還會發生什麼變化呢？

人長時間身處無重力狀態，骨質流失的速度會比較快，骨頭變得脆弱，更容易出現骨折。另一方面，人到了太空之後，肌肉不用像在地球時那樣用力工作，結實的肌肉漸漸變得鬆軟，甚至會流失，於是太空人到了太空要做些鍛煉肌肉的運動。

雖然人在太空中能長高，但要面對很多健康問題。難怪太空人的健康狀況、體能等方面有嚴格要求呢！

吃得快真的**胖得快**？

　　早上我們趕着上學，急急忙忙吃了早餐就出門。中午的時候，只用10多分鐘就把午餐消滅掉，然後跟同學跑到操場去玩。到了晚上，為了慰勞辛苦了一天的自己，大口大口地吃了很多美食。你有沒有計算過，自己花了多少時間吃完每一頓飯呢？要知道，吃得快，胖得也快呢！

　　我們吃東西的時候，體內的血糖會上升，然後身體會分泌胰島素，幫助降低血糖，並把多餘的糖分變成脂肪，在身體裏儲存起來。如果吃得太快，血糖升得快，使胰島素大量增加，就把更多的糖分變成脂肪，使人發胖。有研究發現，吃飯吃得快的人，比吃得慢的人容易變胖。如果

慢慢吃，增加咀嚼次數，用大約30分鐘才吃完，測試者體內的血糖緩慢上升，10天後的體重明顯下降大約2公斤。

另一項研究指出，同樣的食物，在9分鐘內很快吃完的話，身體吸收到的熱量較多；改為用29分鐘慢慢吃的話，身體吸收到的熱量較少，而且更有飽腹感。這是因為人的大腦需要大約20分鐘，才能接收到肚子吃飽了的信號。吃得太快，大腦還沒接收到吃飽的信號，我們以為還沒吃飽，就會繼續吃。到我們感覺到吃飽時，已經吃得太多了。吃得太多，變胖的機會就高了。

不過，吃得慢，不代表要放慢每一下咀嚼的動作，而是要增加每一口食物的咀嚼次數，最好能做到每一口食物咀嚼20至30次才吞下去。所謂「細嚼慢嚥」，就是指我們要把食物細細地咀嚼，讓食物在嘴巴裏咬碎、磨碎些，才慢慢把食物吞下去。

有些小朋友雖然用了較長時間吃完一頓飯，但是過程中卻常把飯含在口裏，不咀嚼，也不吞下去。這樣不但無助消化，反而增加了食物與牙齒接觸的時間，從而增加蛀牙的機會。

現在我們知道了應該怎樣細嚼慢嚥，今天吃飯的時候，就要好好實踐出來啦！

為什麼關節會發出聲音？

　　坐了很久，站起來的時候聽到關節「啪」的一聲響，稍稍活動一下身體，好像沒什麼問題。有些人喜歡折手指，使關節發出「啪啪」聲，但有時卻沒有聲音。為什麼關節會發出聲音呢？這表示關節有什麼問題嗎？

　　關節是指骨頭和骨頭之間的連接位置，這裏有關節液潤滑關節，使關節在活動時能順暢些。在關節活動的時候，關節液裏會產生小氣泡並且破掉，因而發出啪的聲音。久坐後起來活動、折手指、做較大幅度的伸展活動等，都有機會使關節發出啪的聲音，一般不會使人疼痛。有人認為折手指有助放鬆筋骨，但其實那只是關節裏氣泡

破裂的聲音，無助肌肉、筋骨放鬆。由於關節裏的小氣泡要一段時間才能產生，在折手指時，同一個關節位置不會連續地發出啪啪聲。

長時間使用電腦，使脖子和肩膀變得僵硬，有人會大幅度地轉動脖子，使脖子發出「啪」或「咔啦」的聲音。其實這樣是很危險的，萬一傷害到頸椎就麻煩了。如果想關節放鬆、活動得順暢一點，應盡量避免長時間維持同一個動作，也可多做伸展活動，例如拉筋，增加肌肉和韌帶的柔韌度，而不是折手指或者過度轉動關節。

此外，老人家一個簡單的動作也可使關節發出聲音，而且常會感到關節痛。這是因為關節在長期使用下出現磨損，骨頭表面變得粗糙不平，而且缺少關節液幫助潤滑關節，就會常常發出骨頭互相摩擦的沙沙聲，並使人感到疼痛。此外，運動員也需要經常活動關節，而且運動強度較大，使肩膀、膝蓋等關節位置較易勞損，因而發出聲音。

籃球、足球等運動較常與人碰撞，在強烈的外力撞擊下，有機會使關節與連接的骨頭出現移位甚至脫位，肩膀、腳踝就是容易出現脫臼的位置。醫護人員幫脫臼傷者小心檢查關節、肌肉、韌帶等情況，可能要先放鬆肌肉，才能把肱骨準確地移回原來的關節內，這時可能也會聽到啪的一聲。

為什麼喉嚨痛會令聲音變沙啞？

「咳！咳！咳！」傷風感冒的時候，喉嚨總是癢癢的，連聲音也不同了，別人一聽就知道你不舒服。咦？喉嚨的問題和聲帶有什麼關係呢？為什麼喉嚨不舒服，聲音也變得沙啞，說話時還會痛呢？

我們先來認識一下人體的發聲器官——聲帶。聲帶位於喉部，由兩片黏膜組成，中間的空間叫做聲門。聲帶的外層由黏膜覆蓋，包着黏膜固有層和肌肉層。黏膜固有層的表層是鬆軟的組織，富有彈性。

我們能發聲，有三個要素，包括共鳴器、振動器和

激發體。以結他為例，共鳴箱就是共鳴器，弦是振動器，激發體就是彈奏時人的手指。套用在人的發聲系統上，口腔、鼻腔、鼻竇等就是共鳴器，聲帶是振動器，而肺部就是激發體。我們用肺部呼出空氣，氣流通過狹窄的聲門，就像用手指彈撥結他弦，聲帶鬆軟的黏膜會因而產生波動，這波動使附近的空氣振動形成聲波；聲波在口腔、鼻腔、鼻竇等共鳴器產生共鳴，音量就會放大；嘴唇、牙齒、舌頭等器官會影響發音、咬字，最後傳出來的聲波，就成為我們日常說話時的聲音。

結他有六條粗幼不同的弦，最粗的弦發出的聲音最低沉，結他手會通過調節每條弦的鬆緊來調音。我們的聲帶也一樣，聲帶的肌肉層可以控制聲帶的張力，從而改變聲音的頻率，令我們能隨心所欲地發出高音或低音。此外，聲帶的長短、厚薄，也會影響聲線和音域。每個人的聲帶都不一樣，所以我們都有獨特的聲線。女性和兒童因為聲帶較短和較薄，振動較快，所以聲線較高；男性在青春期過後，聲帶變得較長和較厚，聲音會較低沉。

話說回來，傷風感冒的時候，我們的聲帶會有什麼變化呢？聲帶外層的黏膜，與整個呼吸道表面的黏液層有差不多的成分。當呼吸道受感染，即引發了傷風、感冒一類的疾病，黏液分泌會增加，連帶聲帶的黏稠度也會增加，使聲帶腫脹和失去彈性，繼而影響發聲。這就是為什麼喉嚨痛時會「變聲」了！

為什麼我們會 暈車浪、暈船浪？

　　我們先來了解一下，視覺、本體覺和前庭系統這三種感覺受器怎樣幫助我們維持平衡。視覺把我們看到的東西傳送到大腦，讓大腦了解現時我們身處的環境，產生空間、距離等概念；本體覺是人類的其中一個感官，它會把肌肉、關節、骨骼接收到的信息傳送到大腦，讓大腦判斷在現時身處的位置，應該怎樣準確控制肢體，例如要用多少力氣、把手腳放在什麼位置等；前庭系統是維持平衡力的感覺系統，位於內耳，包括兩個耳石器官和三個半規管，能夠偵測頭部轉動的方向、速度等。大腦把信息經過整合、分析後，決定怎樣控制肢體動作，使人維持平衡。

我們在主動運動，例如跳躍、跑步時，上述三種感覺受器接收到的信息通常是一致的。可是在被動運動時，例如乘搭交通工具、升降機或玩機動遊戲時，三種感覺受器接受到的信息就可能出現衝突，引起我們的不適。

坐車、坐船的時候，眼睛看到窗外的風景是左右移動的，又或我們坐車時低頭看書，看到的是靜止畫面。可是，前庭系統告訴大腦，身體正在向前移動。這時傳送到大腦的信息就出現衝突，大腦因分析不到而出錯，就會使身體出現各種不適。這種情況叫「動暈症」，常見症狀包括頭暈、頭痛、噁心、冒冷汗、嘔吐等。頻繁剎車、轉彎過急、道路不平使車子過於搖擺或顛簸，都會加劇動暈症。

動暈症不算是疾病，只是身體對外界刺激作出的反應。每個人都有機會出現動暈症，視乎人的體質。前庭系統比較敏感的人，大腦接收到的信息較常出現衝突，會更容易出現動暈症。睡眠不足、吃得太飽或太油膩，又或聞到異味，例如汽車的汽油味，都可讓人在乘搭交通工具時感到不適。

要預防動暈症或減輕不適的情況，坐車時可以看着前面的道路，而不是看兩旁的景物，或者索性閉目休息，減少視覺「誤導」大腦的機會。將背部靠着椅背坐，使用汽車護頸枕等，有助減少頭部的擺動。另外，有人在乘搭交通工具前服用「暈浪丸」，還會塗藥油、吃話梅或生薑片等。如果你正受暈車問題困擾，不如試試這些方法吧！

人體偵探筆記

我們總共有
多少根頭髮？

　　人的頭皮上大約有10萬個毛囊，大都是一個毛囊長出一根頭髮，不過有些厲害的毛囊可以長出2至4根頭髮！人的頭髮數量，以至頭髮顏色、粗幼、柔軟度等，會受到先天因素影響，例如不同種族的人，頭髮的總量也有不同。一般而言，黑髮的黑人比較少頭髮，大約有9萬根；長着黑色、深棕色等深色頭髮的黃種人有10萬根頭髮左右；金髮的白種人可以有多達14至15萬根頭髮。

　　可是隨着我們的成長，頭髮都會變得愈來愈少。要知道箇中的原因，首先我們要了解一下「頭髮的一生」。頭髮的生長可以分成三個階段，首先是2至6年的生長期，毛

囊藏在頭皮之下，頭髮從毛囊開始生出來；接着進入2至3星期的衰退期而停止生長；然後是2至3個月的休止期，頭髮到了休止期之後就會逐漸脫落，這時毛囊又會重新長出毛髮。處於生長期的毛囊會不斷產生新的細胞，並不斷把舊的細胞推出毛囊外面。這些舊的細胞露出頭皮之外，就是我們看得見的頭髮。這個過程大約會重複25次，毛囊就會死去，那時就不會再長出頭髮了。因為毛囊的數量不會增加，所以按着上述的生長周期，人的頭髮就會隨着年齡增長，普遍在50歲之後就會開始變得愈來愈少了。

這樣是不是會有一天突然全部毛囊都死了，然後就會一次過掉光了所有頭髮？不用太擔心，因為不是所有頭髮都處於同一個生長階段。正常來說，我們大部分的頭髮都處於生長期，只有少部分是處於衰退期及休止期。其實我們每天都在掉頭髮，同時也有新的頭髮長出來。每天掉髮的數量少於100根，都是在正常範圍之內。也正因為這樣，我們的頭髮數量其實是不固定的。

除了受先天的基因問題影響，頭髮數量也會因為染髮、電髮、藥物影響等後天因素而改變。你的頭髮是怎樣的呢？你喜歡自己的頭髮嗎？

真的會嚇破膽嗎？

　　中文裏有不少使用「膽」去形容情感的詞語，例如用「大膽」形容果斷勇敢、無所畏懼的人，用「膽小」來形容畏縮、事事害怕的人；而當我們遇上極其可怕的事情，就會用「嚇破膽」來形容自己的恐懼。中國四大名著之一的《三國演義》裏，甚至有一段說當張飛大喝一聲，便把敵方將領嚇破了膽的情節。那麼現實中，膽是真的有可能被嚇破嗎？

　　膽是消化系統的一部分，主要功能為儲存膽汁、協助消化。在中醫理論中，膽內的汁液掌握着我們決定、判斷事物的能力，是精神活動的基礎。至於以上的修辭，就只

是一些抽象的修辭技巧。事實上，人的膽是不會被嚇破。

膽囊位於肝臟下緣，附近有很多器官保護。假如我們面臨極度恐懼，膽囊和膽管會劇烈收縮，膽汁進入消化道，我們可能會嘔出深色的膽汁。除非承受了外來的直接衝擊導致膽囊破損，否則膽管在沒有病變的情況下，膽部是不會無緣無故因心理因素而破裂的，而我們也只會「嚇到嘔」而不會「嚇破膽」。這一點我們大可放心！

話雖如此，人雖然不會被「嚇破膽」，卻確實會被「嚇死」。當我們遭受極大的驚嚇，譬如看鬼片或遇上重大災難時，的確會有胸口悶痛、心跳加速、頭皮發麻等症狀。這是由於大腦會分泌一種神經介質叫兒茶酚胺，它會導致我們心跳急劇加快、血壓升高，令血液衝擊心臟，造成心肌撕裂。如果當事人還有心血管疾病，像高血壓、冠心病等，突然的刺激會令他們心律失常，繼而中風昏迷。遊樂園會禁止罹患心腦血管疾病的人士乘搭機動遊戲，也是出於這個考慮啊！

現在我們知道，「嚇破膽」裏的膽並非指膽囊，而是指精神層面受到衝擊。「嚇死」是可能發生的，但相比起膽，它更多是與心血管有關。

嬰兒的骨頭
比成人還多？

　　大人的身軀比嬰兒龐大，想必大人的骨頭也應該比嬰兒多，聽起來很合理對吧？然而你這樣想便大錯特錯了。別看嬰兒體型小小，他們身上的骨頭，可是比成年人還要多呢！成年人擁有206塊骨頭，嬰兒則有大約300多塊。那麼，嬰兒多出來的是什麼骨頭？當嬰兒長大後，這些多出來的骨頭又去哪兒了？

　　嬰兒初出生時骨架還沒完全長成，相比起大人，嬰兒的骨頭是「鬆散」的，骨與骨之間存在縫隙，骨頭「散開」成幾塊「軟骨」。軟骨是一種類似橡膠的組織，光滑而有彈性。我們最熟悉的軟骨，就是耳窩和鼻樑，它們摸

上去雖有固定的形狀，但質感不如骨頭那麼堅硬，又不如肌肉那麼柔軟。而嬰兒的300多塊骨頭中，只有170多塊是硬骨，其餘的都是軟骨，因此嬰兒比成人多出來的骨頭正是軟骨。

隨着嬰兒長大，原先散開的軟骨會慢慢融合在一起，骨頭之間的縫隙亦會慢慢結合。在這個過程中，好幾塊軟骨會合成一塊完整的骨頭。譬如新生兒的額頭上有兩塊額骨，成年人卻只有一塊，成人的額骨正是由童年的兩塊所合成的。所以軟骨們不是憑空消失，而是融為一體；現在，我們終於找到多出來的骨頭的「下落」了。

聰明的你可能會產生另一個疑問：既然嬰兒的骨頭，最終會從300多塊融合為206塊，為什麼它們不從一開始便長成206塊？何必要多此一舉？

事實上，柔軟骨頭對嬰兒十分重要，例如在出生時，柔韌的頭骨可以讓嬰兒更容易通過產道；嬰兒起初不擅長行走，很容易跌倒，柔軟的骨頭可以減少嬰兒跌倒時受的傷害。當嬰兒逐漸長大成人，面對生活環境的挑戰，就需要更強的體格，這時軟骨就會進化成堅固的硬骨，提供成人生活所需的支撐力。直至嬰兒長大成人，骨骼完成發展，從此骨頭的數目便會固定在206塊了。

人的眼睛能看到
多少種顏色？

　　紅、橙、黃、綠、青、靛、紫、黑、白和灰，還有淺橙、深紫、桃紅、薄荷綠等，你能數出多少種你看過的顏色呢？你知道自己能看到多少種顏色嗎？在此之前，我們先來認識眼睛是怎樣看到色彩的。

　　我們眼球的底部有視網膜，雖然視網膜只有一張郵票那麼大，但是它裏面有很多可以感知光源的細胞，其中包括有大約1.25億個桿狀細胞和600萬個錐狀細胞。

　　桿狀細胞又稱視桿細胞，對光很敏感，不過它分辨不到顏色和細節，主要在晚上或較暗的環境中運作。因此，

在黑暗的環境中，我們分不出顏色，看到的只是黑白影像。

錐狀細胞主要用來感受顏色，在白天或較光亮的環境中比較活躍。視網膜有三種錐狀細胞，分別感受紅、藍、綠三種顏色，每種錐狀細胞可辨認到大約100種顏色。三種錐狀細胞根據眼球接收到的光線亮度和強度，在大腦的指揮下調配三種顏色，能組合出最少100萬種顏色。

此外，科學家認為少數女性可能由於基因突變，擁有第四種錐狀細胞，因此她們能看到的顏色多達1億種！不過，這些被稱為「四色視者」的人很少意識到自己看到的顏色比別人多，也不知道該怎樣描述那些別人看不到的顏色。估計是因為我們在日常生活中能看到的顏色，大多是根據紅、藍、綠三種主色調配出來的，四色視者的第四種錐狀細胞很少能發揮作用。

有些人能看到比別人多的顏色，也有些人能辨認到的顏色不及一般人多，例如有色弱或色盲的人。色弱是因為三種錐狀細胞當中，有一種細胞未能正常運作，甚至完全失效；要是有兩種錐狀細胞都出現故障或完全失效，就變成色盲了。

如有多種顏色混在一起，例如紅色加綠色，色弱患者就可能分不出當中的分別。在較暗的環境中，或是顏色太淺的話，色弱患者辨認顏色的能力也會減低。至於色盲的人，他們的視力跟一般人一樣，能看到清晰的影像，只是不太能區別顏色。

手指沒有肌肉
怎麼活動？

　　人們常說多做運動可以鍛煉肌肉，例如舉啞鈴使手臂肌肉變得結實、粗壯。可是，我們的手指經常要抓住或握住物件，也會提起重物，怎麼就不像手臂肌肉那樣會愈練愈粗壯呢？

　　原來，我們的手指沒有肌肉，也不會長出肌肉。那麼人的手指是怎樣活動起來，並能使出氣力的呢？這要靠掌心的肌肉和前臂的肌肉了，手指裏有連接骨頭和肌肉的肌腱，掌心肌肉和前臂肌肉通過肌腱把力量傳送到手指，操控我們的手指運用不同的力度，靈活地做出各種動作。

我們來做個實驗吧！把你的一隻手輕輕握在另一隻手的前臂上，被握住的手嘗試握拳，在握拳的過程中，你會感覺到手臂內側的肌肉在動；然後把拳頭打開，這時你會感覺到手臂外側的肌肉在動。接下來，那隻被握住的手隨意動動手指，你可明顯感覺到前臂肌肉在動。這時留意一下，手掌張開和手指向上翹的時候，手背有幾條明顯突起的「筋」，它們就是連接骨頭和肌肉的肌腱了。如果你按一按這些肌腱，還可感覺到它們的彈性。

　　另一方面，你有沒有留意我們拿起物件時，尾指有時會不自覺地翹起？我們提起較重或較大的物件，例如書包、裝滿東西的購物袋等，需要用較大的力量，這時要出動我們的整個手掌和五根手指去握住物件。前臂內側的肌肉會比較用力，使手掌和手指彎曲起來，以便握住物件。

　　當要拿起較輕或較細小的物件，例如杯子、蓋子等，我們要花的力量較小，就輪到前臂外側的肌肉用力，使手指伸展和張開。但其實我們只需要兩根或幾根手指就可抓起物件，因此大腦覺得不用花太多氣力提起物件，就會指示拇指、食指等部分手指去抓住物件，尾指不用加入工作，於是繼續呈現張開的狀態，尾指看來就像翹起來了。

人為什麼會「偏心」？

　　你能準確的說出自己心臟的位置嗎？古代的中國人認為心臟位於身體的正中，因此我們中文有「中心」這個詞語，用來表示最重要的地方；有些人基於心臟跳動偏左，便認定心臟是在左邊。到了現代，醫學更為發達，人類才發現心臟並非完全處於身體的中央，也不是完全的在左邊。準確地說，心臟是位於胸腔的中部，介乎兩個肺之間，它的上部的三分之一靠右，下部的三分之二傾向左，像一個倒轉的圓錐體，是一個不規則的形狀。

　　有一個簡單的方法，能幫助我們快速找出心臟的位置。心臟的大小正好與握緊的拳頭大小差不多，因此你可

以用右手握拳，然後把握緊的拳頭向前方伸直，然後彎曲你的手肘，讓拳頭貼近胸部，它應該會接觸到胸部中央稍微偏左的位置，這裏便大約是我們心臟的位置了。

「偏心」跟心臟內的壓力有關。我們左邊的心臟負責把新鮮、充滿氧氣的血液輸送到全身各處，需要很大的力量泵出血液，故擁有更厚的肌肉。相反，右邊的心臟只需要負責把充滿廢氣的回流血液送到肺部作氣體交換，需要的力量相對較少。由於壓力分佈的不同，力量都集中在左邊，使得心臟兩邊不對稱。

那麼「偏心」為我們帶來了什麼好處呢？如果人類的心臟沒有偏向一邊，它輸送血液的力量恐怕要少得多，這會導致其他器官缺乏充足的氧氣，廢氣也無法被排走，整個身體的循環系統就會失去動力，不能順利工作。

另一方面，心臟偏向一邊，能夠騰出更多空間，安置體內的其他小型器官。原理有點像我們收拾書包，把書本靠一邊放，才可以留下更多空位放文具、水瓶等小物件。如果心臟長在正中間，放置其他器官空間便會變少了。

為什麼肚子餓不餓 都會咕嚕咕嚕叫？

　　「咕嚕嚕——咕嚕咕嚕——」你聽到肚子傳來的「打鼓聲」嗎？是不是肚子餓了？可是，有時候不餓，肚子也會咕嚕咕嚕叫？到底我們的肚子為什麼會叫呢？

　　通常我們肚子餓的時候，肚子就會咕嚕咕嚕叫。我們的身體記住了什麼時候要吃東西，差不多到進食時間了，身體裏的消化系統就要準備開始工作。胃部增加分泌消化液，慢慢地加快蠕動。胃部蠕動時，擠壓胃裏的水分、胃消化液和空氣，從而產生聲響，咕嚕嚕地叫。胃消化液進入了腸道，當中的胃酸刺激腸道增加蠕動，腸道裏的液體和空氣被擠壓時也會出現咕嚕咕嚕的聲音，提醒我們是時

候要吃東西了。肚子咕嚕咕嚕叫，一般會持續4至5分鐘，有時比較小聲，有時很響亮，連旁邊的人都聽得到。

我們吃了東西進肚子後，其實胃和腸裏仍然有液體和空氣，腸胃在蠕動、擠壓時仍然會發出咕嚕聲，只是聲音減弱了，我們察覺不到。進食後，如果食物還在胃部消化，沒來得及進入腸道，腸道未有食物進行消化，仍然會發出聲響。

有些人飲食不定時，該吃東西的時候不吃，導致身體的消化系統不知道應該何時工作。於是，即使不是吃飯時間，胃部也會分泌消化液，刺激胃部和腸道，使肚子咕嚕咕嚕叫。

此外，腸道裏的氣體太多，使肚子不餓時也會叫。吃得太快、太飽，吃了太多容易使胃脹氣的食物，如豆類、西蘭花、番薯、芋頭、粟米等，也會增加腸胃裏的氣體。這種情況下，肚子會脹鼓鼓的，可能感覺到肚子裏有氣體在滾動。除了肚子叫，還會一直放屁！

要是幾天都沒有上廁所大便，排便時感到困難，腸道裏堆積了很多便便，腸道就要加快蠕動，用多點力把便便推出去，於是腸道蠕動時產生的聲音比較大。另一方面，腸胃炎的時候，腸胃蠕動的速度特別快，腸胃也特別敏感，可能出現肚瀉，而且食慾不振，吃什麼東西都覺得不舒服。這時候的肚子叫是提醒你要注意飲食呢！

大腦相當於一個宇宙？

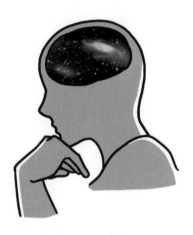

　　人的大腦相當複雜，有很多問題連科學家、醫生等專業人士都無法解釋。近年有科學家和醫生合作研究，得出驚人發現——人類大腦的神經元網絡與可觀測宇宙的結構高度相似！

　　神經元又稱神經細胞，是神經系統中的基本結構和功能單位。研究顯示，人的大腦約有860億個神經元。神經元跟其他細胞相似，像一個裝滿了水的袋子，袋子外面由一層薄薄的細胞膜包着，與其他「袋子」分隔開來。神經元有多種形狀和結構，某些神經元的結構較複雜，形狀也不固定。單單一個神經元好似沒什麼特別，但當數百萬以至

數百億個神經元組合起來，能使我們通過視覺、聽覺、觸覺等感受到外面的世界，辨認和記住事物，還能做運動、與人交談等等。

　　神經元跟其他細胞不同的地方，就是它能與其他神經元溝通，傳遞信息。神經元的細胞膜上有特殊的蛋白質，可引導電離子在細胞之間進進出出，它們的這種通訊方法稱為「脈衝」。脈衝可由大腦傳遞出去，也可由身體的不同部分傳回大腦，還有些神經元只跟附近的神經元傳遞信息。不同的神經元有不同的信息傳遞速度，大腦的神經脈衝可高達時速274公里，比中國內地的高鐵更快。神經元之間高速傳遞信息，大腦快速運轉，才能使我們對外來的刺激迅速作出反應。

　　研究人員發現，雖然人的大腦和宇宙在規模上有很大分別，但它們的組織和複雜程度相似。大腦裏的神經元和宇宙中的星系排列方式一樣，兩者看起來都像一張鬆散的網。還有就是，實際的星系佔了宇宙總質量的30%，宇宙餘下的70%質量是暗能量；神經元也是佔大腦質量的30%，而大腦餘下的70%質量是水。於是，研究人員認為，宇宙網絡和大腦網絡之間的發展完全遵循着相似的物理原理。這樣的話，人類的大腦可說是一個小宇宙了。

膽大還是膽小
原來不關膽事？

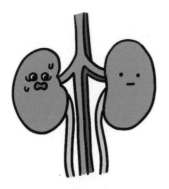

　　有些人特別膽小，很多東西都感到害怕，甚至一點細小的聲音都能嚇到他，但有些人就什麼都不怕，膽大得很。你知不知道，原來我們的膽量大小，不是由膽決定，而是跟腎有關？

　　在中醫的理論裏面認為，腎跟恐懼有關。一個人是膽大還是膽小，視乎他的腎氣是否充足。膽大的人腎氣充足，表現出來就是精神充沛、自信滿滿的樣子。膽小的人腎氣弱，以致自信不足，做事畏首畏尾。如果人太過驚恐，常常感到驚慌、不安，會傷及腎臟。換個角度看，腎虛的症狀之一就是膽小。膽小的人可通過補腎來使身體變

得強壯，提升膽量。

　　大多數人有兩個腎，位於我們腰的後面、脊椎的兩側，左右各一個，跟一個拳頭差不多大，外形就似蠶豆。但由於右邊的腎上面有肝臟，所以右腎的位置比左腎稍稍低一點，又會比左腎小一點點。

　　腎在我們的身體裏擔任重要角色，主要有四大功能：第一，腎負責過濾血液中的毒素和廢物，形成尿液，使毒素和廢物隨尿液排出體外。第二，腎可幫助身體平衡水分。腎通過製造尿液，排走體內過多的水分。如果體內水分不足，腎就會把尿液濃縮起來，減少水分流失。第三，腎可以調節人體內的電解質濃度、酸鹼值等，讓身體能維持正常運作。第四，腎分泌腎素、紅血球生成素等內分泌激素，刺激細胞製造紅血球，並能調節血壓。我們曬太陽時吸收的陽光，經肝臟及腎臟處理就會變成維他命D，在人體內運用，幫助骨骼生長，維持骨質密度。

　　不過，人正常原本應有兩個腎，但有些人天生只有一個腎臟，也有些人把自己的一個腎捐給了有需要的病人，這樣的話膽子會不會也只剩一半？腎功能也只剩一半？其實一個健康的腎臟也能負擔起一般人要用兩個腎臟去處理的工作，所以他們只有一個腎也能如常生活。

人體的毛髮有什麼用？

　　很多動物身上長滿毛髮，各有不同的功用，例如有助保暖、防水、偽裝等。人類身上雖然也有毛髮，但大部分位置的毛髮都不算明顯，再加上我們可以穿衣服保暖，毛髮對人類來說還有什麼用呢？

　　生長在頭上的毛髮，我們會叫做頭髮，其他部位的毛髮大都稱為體毛。人體最明顯的毛髮就是頭髮，頭髮有助減少紫外線對頭皮的傷害，並且有助調節體溫，保護頭部和大腦。

　　在我們的頭部除了頭髮，眉毛和眼睫毛都是對人體很

重要的毛髮。它們都有助阻擋汗水、灰塵等外來物進入眼睛。眼睫毛就像探測器，一旦有外物靠近或碰到眼睫毛，眼睫毛感應到之後，馬上就會啟動防禦系統，使我們眨眼或合上眼睛，避免眼睛受到傷害。至於眉毛，除了阻擋外物進入眼睛，還有助我們傳情達意，例如人在感到厭煩、苦惱時，會忍不住皺眉；感到驚訝、恐懼時，會不自覺地挑起眉毛。如果你留心觀察別人在不經意間透露出來的微細表情，可能捕捉到他內心真正的想法。

我們的鼻子裏也有毛髮，那就是鼻毛。鼻毛就像空氣清新機，把吸入鼻腔的空氣大都過濾乾淨，不讓空氣中的灰塵、細菌等進入我們的身體。如果有一些顆粒太小的空氣污染物，鼻毛就不能把它們完全過濾出來了。當外來物刺激到鼻腔，鼻毛會傳遞信息給大腦，使我們打噴嚏，把鼻腔裏的異物噴出去。可能因為鼻毛把一些異物攔截在鼻腔裏，使人感到鼻子發癢，於是有人會手指挖鼻子，但這樣可能把手指的細菌帶進鼻腔，千萬不要養成這樣的習慣啊！另外，人們認為鼻毛露出鼻腔之外是不好看的，於是要修剪鼻毛，甚至拔掉露出鼻腔的鼻毛。如果不適當地拔除鼻毛，可能傷害到毛囊，引致細菌感染呢！

隨着人類的進化和社會的發展，人體很多部位的毛髮已失去原來的保溫作用，變得可有可無，在外觀上的影響反而更為重要。於是，有些人會剃掉沒什麼用的手毛、腳毛，細心打理能使他們變得好看的頭髮、鬍子等，希望予人整潔、精神的印象。

人類和香蕉
有相似的基因？

　　細胞是基本的生物組成單位，即是其實所有生物都是由細胞構成，無論動植物的外表、內在結構、生存所需的條件等都各有不同，但是大家的細胞基本結構是相似的。細胞裏的細胞核就裝着DNA。DNA是「脫氧核糖核酸」（Deoxyribonucleic Acid）的簡稱，呈雙螺旋結構，記錄了所有遺傳信息，以及生命體的組成方式。

　　由於DNA載有遺傳密碼，你的父母、祖父母、祖先等，以至你將來的子女，都跟你一樣，體內有你們家族專有的遺傳密碼。通過遺傳，把你們的家族印記一代接一代地流傳下去。假如要把人類的遺傳密碼寫成一本書，可以

超過26萬頁呢！

基因是DNA裏的一個細小的部分，告訴細胞如何組合在一起，成為不同的生命體。你之所以成為人類，而不是黑猩猩、貓咪、老鼠或香蕉，就是由你體內的DNA和基因決定的。人類大約有20,000至25,000個基因，人與人之間的基因超過99.99%是一樣的，就是那極度細微的差異，使人們有種族、性別、五官特徵、身高、性格等方面的差別，你的獨特基因組合方式，組成了獨一無二的你。

話說回來，我們都聽過人類與黑猩猩有近親關係，我們可在大猩猩身上發現不少跟人類相通的特點。不過，香蕉不是動物，跟人類也沒什麼相似的地方，竟然在它身上能找到跟人類相似的基因？

原來科學家比較了幾種動植物和人類的基因，發現人類與黑猩猩的基因相似度最高，約有96%；我們養的貓咪和人類的基因相似率也達90%！這樣可能代表貓咪的聰明程度其實遠超我們的想像；就連實驗室裏的白老鼠，也大約有80%的基因跟人類相似，所以很多科學研究都用白老鼠來做測試。除了動物，科學家也找了植物來跟人類比較。香蕉是該項研究中唯一的植物例子，但竟然也在它身上找到約一半的基因跟人類相似！這項研究所指的基因相似，主要是指「編碼蛋白質基因」相似，而這種基因只佔人類DNA的大約2%，所以我們的外貌和內在結構，還是和香蕉有極大的差異啊！

原來辣味**不是味覺**？

　　我們要形容感受到的味道，通常會講「甜、酸、苦、辣、鹹」這五種基本的味道。不過，要數五種味覺的時候，就是「甜、酸、苦、鹹、鮮」了。等一等，「辣」跑到哪裏去了？辣味不是味覺嗎？那麼我們是怎樣感受到辣味的呢？

　　不少人認為辣味是一種痛覺，因為吃辣的食物時，使人有刺痛的感覺。其實它跟一般的痛覺有點不同，常常伴隨着灼熱感，還有熱辣、辛辣、麻辣等分別，算是一種混合而成的感覺。

說起辣味，一定會想到辣椒和胡椒。辣椒裏的辣椒素、胡椒裏的胡椒鹼，會附在負責感受溫度的感受細胞上，激活這種感受細胞，然後把熱辣感告訴大腦。於是，我們的舌頭和口腔好像被火燒，熱熱的，還會痛。

　　麻辣火鍋的麻辣味，吃過的人可能會形容是麻而不辣。麻辣火鍋常會加入花椒，花椒裏的山椒素除了使舌頭產生少量的熱辣感和辛辣感，還會與舌頭裏負責觸感的神經產生反應，降低舌頭的靈敏度，使舌頭出現「麻」的感覺。

　　辣味帶來的灼熱感覺會使體溫上升，血管擴張，皮膚發紅，所以有些人吃辣吃得滿臉通紅，出很多汗。這時千萬不能喝熱水，熱水只會加劇辣味。冷水和牛奶有助解辣，但冷水的降溫作用消退後，熱辣的感覺會再次出現。

　　辣味還會使人流鼻水、流眼淚，這是因為人體受到辣味的刺激後，要分泌體液來洗走這種難受的感覺。其實我們的胃和腸也開始分泌消化液，只是我們感覺不到。這些為了沖走辣味而增加分泌的體液，可能會引起胃和腸道不適，於是有些人吃完辣的食物會胃痛、腹瀉等。

　　其實辣味帶來的熱辣、辛辣等感覺，不會破壞舌頭和口腔。身體知道這種刺激無害，在多次受到刺激後，會慢慢適應和習慣，反應不會那麼強烈，於是人們能愈吃愈辣。換句話說，人能接受的辣味程度是可以訓練出來的。

人體裏有些部分
是沒什麼用的？

　　人體結構複雜，皮膚、肌肉、骨骼、內臟等各有用途，有些結構連科學家都還未弄明白它的神奇之處。事實上，人體有些部分是沒有用的。既然沒有用，為什麼還留在我們身體裏呢？

　　闌尾就在我們肚子右下方，位於小腸和大腸的交界處、盲腸的前端。遠古時代的人類以草食為主，闌尾裏的細菌能幫助消化纖維素。現時我們改變了飲食習慣，有沒有闌尾，其實對我們沒什麼影響。可是一旦闌尾發炎，很大機會要動手術切除呢！不過，有研究認為，闌尾那裏仍有一些能幫助我們抵抗感染的細菌，有助保持腸道微生態

的平衡，所以它對消化系統和免疫系統還是有點用途。

扁桃腺是另一個可有可無的部分。扁桃腺位於喉嚨兩側，我們呼吸的時候，空氣經過喉嚨，如果扁桃腺偵測到病毒或有害的細菌，就會通知免疫系統發動攻擊。可是，扁桃腺對三歲或以下的幼兒比較有用，對於較大的小朋友以至成年人來說就已經沒什麼用了。再者，扁桃腺雖然是免疫系統的成員，但是也很容易受到感染而腫起來，出現扁桃腺炎。

俗稱「第三眼瞼」的半月皺襞（粵音「碧」）是人類進化後留下來的痕跡。半月皺襞又稱結膜半月皺襞，位於眼角裏面，呈半月形。仔細觀察我們的眼角，會發現一個粉紅色、有點隆起、肉肉的部分，這是「淚阜」。淚阜後面那一層粉紅色組織，就是半月皺襞了。一些爬行類、鳥類等動物仍保留了第三眼瞼，稱為「瞬膜」。那是一層接近透明的薄膜，就跟上、下眼瞼一樣能幫助保持眼睛濕潤、刷去異物等。可是，人類的第三眼瞼已經不能動了，失去了原來的作用。

此外，動耳肌就在耳朵周圍，能使耳廓轉動方向，聽到不同方向傳來的聲音。現時除了少數人能操控動耳肌，使耳朵輕微擺動，大部分人的動耳肌都沒有用了。

這樣數下來，人體無用的部分似乎有點多呢！你認為它們真的沒有用嗎？如果沒有了它們，你覺得我們會變成怎樣呢？

「熊貓血」、「恐龍血」和「黃金血」，哪種更罕見？

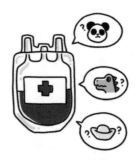

假如世上有一隻偏食的吸血僵屍，只吸某種血型的話，他可能就要經常餓肚子了，究竟是為什麼呢？

我們先來了解一下血型的分類。人類ABO血型系統中，可分為四個主要血型：A型、B型、AB型和O型，這是根據紅血球所含的抗原來分類，紅血球上有A抗原的是A型血，有B抗原的是B型血，同時有A、B抗原的是AB型血，A、B兩種抗原都沒有的是O型血。

不過在這四種主要血型下，血型還能再細分出不同的種類。細分後就會發現有小部分的人，擁有非常罕見的血

型，分別是「熊貓血」、「恐龍血」，還有「黃金血」！這些血型的稀有程度，比得上熊貓、恐龍和黃金？它們有什麼特別？哪種更罕見呢？

　　根據血液中有沒有「彌猴因子」，可細分為正型和負型（或稱為陽性和陰性）。「彌猴因子」的英文簡稱是「Rh」，全球絕大部分的人都是Rh(D)正型，Rh(D)負型非常少見。歐美國家有Rh(D)負型的人稍為多一點，大約7個人當中就有1個。中國大約370人當中，才有1個人是Rh(D)負型。正因為Rh(D)負型血很少見，所以它有「熊貓血」的稱號。

　　俗稱「恐龍血」的「類孟買血型」，比「熊貓血」更稀有。中國有「恐龍血」的人，大約十幾萬人之中才有一個。這類血型的人，血液中沒有幫助製造A或B抗原的物質，但能在唾液等人體分泌物中，得到另一種物質來製造A或B抗原。

　　此外，有「黃金血」之稱的「RhNULL血型」最為罕見，全球不到50人有這種「黃金血」。他們的血液裏完全沒有Rh系統的抗原，導致他們一生人只能接受一次輸血。接受了一次輸血之後，他們體內會產生抗體，攻擊所有帶Rh抗原的血液，所以不能接受別人的輸血。

　　擁有罕見血型，不代表身體有問題。我們的血型是遺傳基因決定，而且終身不變。無論是什麼血型的人，都可以如常生活，擁有健康的身體。

唾液真的可以
止血、殺菌又止癢？

　　唾液即是口水，顧名思義，就是口裏的水。如果不小心割破手指，有人會在傷口上塗點口水，說是能止血殺菌。要是被蚊子叮了，老一輩的人也可能會叫你塗點口水，那就不會癢了。這都是真的嗎？可是，我們總覺得口水很髒，對別人的口水就更是避而遠之。我們應該怎樣看待口水呢？

　　我們口腔裏有很多唾液腺，唾液腺藏在臉頰內側、口腔的最下方，並且接近下巴。唾液由唾液腺分泌出來，通過唾液腺管，傳送到口腔裏。我們一天都會分泌唾液，保持口腔濕潤。

唾液中絕大部分是水分，餘下的小部分有蛋白質、礦物質、酵素、細菌等。唾液中的溶菌酶有抗菌作用，能抑制口腔裏的細菌大量滋生。加上唾液中有凝血分子，還有能幫助細胞修復的分子，理論上的確能夠幫傷口止血、殺菌，以及促進傷口癒合。不過，這些物質在唾液中的含量並不多，殺菌消毒的效能非常有限。

　　此外，被蚊子叮的時候，人體對蚊子的唾液過敏，皮膚於是腫起來，像一個小包，又紅又癢。這時我們把自己的唾液塗在蚊子叮過的地方，其實無助消毒、止癢。家裏常備的止癢藥油、藥膏等，主要是為皮膚帶來其他刺激，例如清涼感，因而暫時「忘記」癢的感覺。

　　其實唾液中有數百種細菌，雖然大部分是無害的，但是唾液接觸到皮膚傷口的話，可能使傷口出現細菌感染。曾有一名德國男子因大拇指受傷流血，就用嘴巴去吸它，結果使手上的傷口感染了口腔常見的細菌，最終要切除大拇指呢！要清理傷口，還是用專門處理傷口的消毒用品比較好。

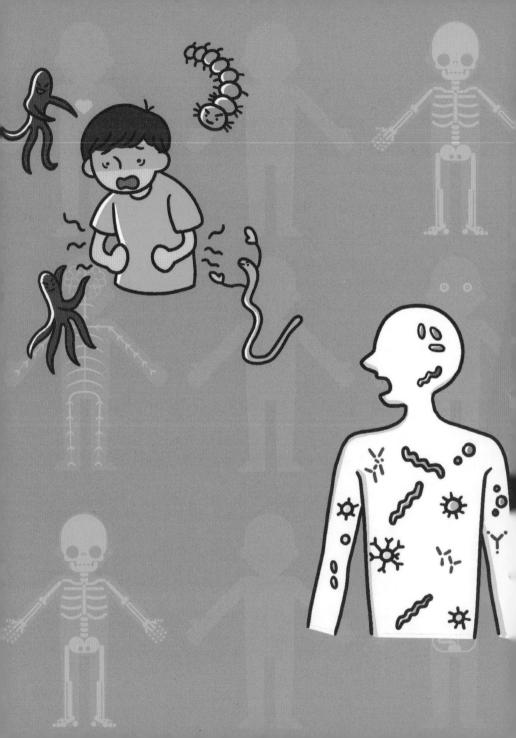

身體裏的
角落小生物

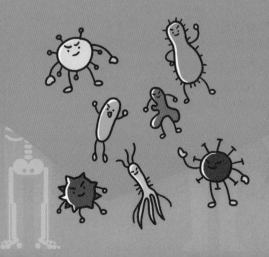

人體的細菌比 人體細胞還要多？

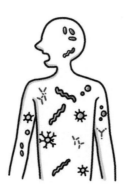

我們由頭到腳，幾乎每一處皮膚的表面上都有細菌，所以我們進食前要先洗手，免得把細菌也吃進肚子裏。另一方面，我們身體裏也有很多細菌，這些細菌大多對身體有益，可以幫助我們維持身體正常運作，例如腸道在消化食物時，需要多種細菌幫助分解食物，讓我們吸收到不同的營養，所以大腸裏的細菌數量是最多的。有人說，依附在人體表面和寄生在人體裏面的細菌數量，比人體的細胞還要多！到底人體總共有多少細菌呢？

可能你有聽說過，人體細菌比人體細胞多10倍。這個說法最初是由1972年一個細菌學家粗略計算出來的，其

後不斷被人引用，媒體報道時也會提及，甚至寫進了教科書，因而廣為人知。後來再有科學家指出，人體細胞有10兆個，而人體細菌可高達100兆個！

不過，近年有幾位科學家重新估算人體細菌的數量，得出了很不一樣的結論。他們指出一個年輕的成年男性，平均有30兆個人體細胞，細菌數量則有大約40兆個，人體細菌與人體細胞的數量相差不大。由於人體內大部分細菌都在大腸裏，大腸裏的細菌、未能完全消化的食物殘渣、身體裏的已死細胞等加在一起，就會形成糞便，我們在排便的時候，就會把不少細菌排出體外。因此在我們排便之後，身體裏的細菌就可能會少於人體細胞。另外，有科學家嘗試用基因數量來與人體細胞比較。人類大約有2萬個基因，而人體光是消化系統中的細菌基因就高達330萬個，相差很多呢！

其實每個人身上的細菌數量和細菌群的分佈都不一樣。即使是DNA非常相似的同卵雙胞胎，他們有着相同的生活環境，生活習慣也很相近，但他們身上的細菌數量也不是相同的。因此，在計算人體細菌數量、細菌群組分佈等方面，都存在較大的偏差。可以肯定的是，人類與體內的細菌是共生關係，人體為細菌提供生存環境和食物，細菌幫助我們消化食物，分泌出人體所需的物質，協助維持身體正常運作。所以，人體不能完全沒有細菌，但要區分那是對人體有益的好菌，還是會損害人體健康的壞菌。

我們的臉上滿是蟲？

　　有些人常常覺得臉部發癢，以為臉上有很多塵蟎在爬，於是趁着陽光普照的好天氣，趕快把牀單、被套等換下來清洗，還要曬被子，趕走塵蟎。不過，我們要搞清楚，塵蟎確實喜歡溫暖、潮濕的環境，會吃人類的皮屑，但牠們不是住在人類的臉上。

　　雖然塵蟎不是住在我們臉上，但其實幾乎每個人的臉上都有寄生蟲居住。這些寄生蟲叫做「蠕形蟎蟲」，俗稱「臉部蟎蟲」。蠕形蟎蟲只有大約0.3毫米那麼長，我們用肉眼是很難看得到的。蠕形蟎蟲可分為「毛囊蠕形蟎」和「皮脂蠕形蟎」，分別住在毛囊和皮脂腺裏。臉上毛囊和

皮脂較多的地方，例如額頭及額頭延伸到鼻子兩翼，還有頭皮，都是牠們喜歡住的地方。

　　人類皮膚上的皮脂腺會分泌油脂，在皮膚上形成薄薄的保護膜，維持肌膚水分，阻擋細菌、病毒等進入人體。而蠕形蟎蟲就是靠吃人類分泌出來的油脂和剝落的皮屑為生，牠們基本上對人體無害，可以跟我們和平共處。

　　剛出生的嬰兒臉上沒有蠕形蟎蟲，後來接觸到父母或別人臉上的蟎蟲，加上在長大的過程中，皮脂腺慢慢增加分泌，蟎蟲有了食物，就會在皮膚上住下來。踏入青春期之後，皮脂腺分泌旺盛，這對蟎蟲來說就更加開心了。

　　可是你也不用太擔心，即使是油性皮膚的人，經常滿面油光，也不代表他的臉上有較多蟎蟲。人體的免疫系統雖不足以完全消滅蟎蟲，但仍可使蟎蟲無法大量繁殖。而且，我們每日早晚洗臉時，都會洗走一些蟎蟲。只要日常注意衞生，保持臉部清潔已經足夠。要是你一天內洗臉太多次，反而會使皮膚失去油脂保護，破壞平衡。

　　不過若臉上的蟎蟲太多，可能就會出現「毛囊蠕形蟎蟲症」。患者臉部泛紅、粗糙，毛孔特別粗大，臉上發癢得很。如果症狀較明顯或嚴重，就要請醫生評估和診治，不要自行胡亂用藥啊！

益生菌愈多愈有益？

　　「益生菌」產品向來大行其道，聲稱有助腸道健康，所含的益生菌數量更多達50至200億。究竟益生菌是不是愈多愈有益呢？

　　腸道細菌可分為三類：好菌、壞菌和中性菌。好菌又稱益菌、益生菌，例如乳酸菌、雙歧桿菌等；壞菌也叫害菌、致病菌，例如金黃葡萄球菌、大腸桿菌等。根據世界衛生組織的定義，「好菌」是指攝入適當數量後，能對人體產生益處的微生物；雖然人體內原本就有一定數量的壞菌，但當如果壞菌數量太多，就會使人生病。至於中性菌，例如酵母菌、真桿菌等，一般情況下既不是好也不是

壞，它會視乎當時是好菌還是壞菌佔優勢，才決定站在哪一邊，所以它又叫做條件菌、伺機菌等。

由於每個人的飲食習慣都不同，使各人的腸道有不同種類和數量的細菌。有人可能會想靠保健品來改善腸道健康，於是選擇進食益生菌產品。其實食物或益生菌產品經過胃部時，強烈的胃酸會殺死部分細菌，包括益生菌，致使益生菌未能全部順利抵達腸道；另外，其實人體能夠吸收的益生菌數量有限，加上每個人的吸收能力也不同，究竟吃了這些產品後，有多少益生菌能進入我們的腸道，能發揮多大的效用，全是因人而異。

要腸道健康，與其依賴保健品，均衡的飲食更為重要。我們可以在日常的飲食中吸收到不同的益生菌，發酵食物例如乳酪、味噌、泡菜、納豆等，都是益生菌含量豐富的食物。多吃根莖類食物，還有蔬菜和水果，也可以促進益生菌的生長，培養良好的腸道環境。

無論細菌是好是壞，在種類和數量上都不是愈多愈好，最重要是取得平衡。人體內理想的平衡狀態，自然是好菌要多於壞菌。由於腸道內的細菌有超過一半是中性菌，我們務必要讓好菌常常保持優勢，吸引中性菌站在同一陣線，一起打造健康的腸道環境。有良好的居住環境，才能吸引好的細菌住下來啊！不然，吃再多的益生菌也沒有用。

寄生蟲可在人體內
潛伏三十年以上？

　　我們或許都聽過，吃未經煮熟的食物、喝了受污染的水，可能會感染寄生蟲。不過，你有沒有想過，我們的體內可能一直都有寄生蟲，只是會潛伏十年、二十年、甚至超過三十年？

　　香港曾有老人感染寄生蟲，引發高度感染。患者年輕時在農田耕作，估計由此接觸到泥土裏的糞類圓線蟲，但當時沒有發病。糞類圓線蟲可經由皮膚進入血管，再走到肺部、消化道等，然後在腸道內寄居和繁殖。牠的蟲卵會跟着人類的糞便排出人體外，回到泥土。這種寄生蟲在患者體內潛伏長達三四十年，直到他年紀大，免疫力下降，

寄生蟲看準時機大量繁殖，並入侵肺部，使患者嚴重氣喘。

另一種常見感染腸道寄生蟲的途徑，是在我們進食時，寄生蟲由嘴巴進入人體，然後在人的腸道寄生。寄生蟲的蟲卵隨着人的糞便排出體外，可污染泥土、水源等，並間接使蔬果、魚類等食物受污染。

蛔蟲、條蟲會跟着受污染的食物進入人體，寄生在人的小腸。條蟲的蟲卵和幼蟲，還可在豬、牛、淡水魚和海魚體內找到。肝吸蟲寄生在人肝臟內的膽管，蟲卵隨着人的糞便排出體外。肝吸蟲會被淡水螺吃掉，然後淡水螺被淡水魚吃掉。如果人進食未煮熟而又受污染的魚肉，就有機會讓肝吸蟲進入體內。

人體的免疫系統可抑制寄生蟲繁殖，所以我們體內可能有某個數量的寄生蟲，但牠們不能大量繁殖。人體內寄生蟲數量少的時候，我們未必會感覺到。一旦寄生蟲數量過多，就會使人感到不適。感染寄生蟲的症狀，視乎寄生蟲的種類而不同。患者可能會肚子疼、腹脹、腹瀉、嘔吐、食慾不振、皮膚紅癢等，嚴重的可引致腸道阻塞、貧血等併發症，甚至死亡。

要預防感染寄生蟲，我們應避免吃生的肉和菜，食物要徹底洗乾淨，肉類也應完全煮熟，飲用水要煮沸後才喝。吃飯前、如廁後一定要徹底洗手，時刻注意個人衛生。

請腸道菌給我勇氣？

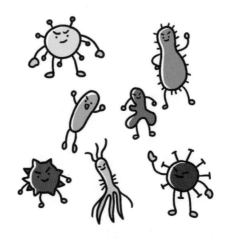

當我們需要勇氣的時候，你會怎樣做？你有沒有想過，勇氣是從哪裏來的？研究人員發現，原來勇氣不是來自大腦，而是腸道裏的腸道菌！

有科研團隊找來兩組白老鼠來做比較，一組天生較大膽、有自信，一組天生較膽小、容易感到焦慮。研究人員把兩組小鼠放在平台上，計算牠們要花多少時間才能鼓起勇氣跳下來。較膽小的小鼠通常會猶豫很久，花較多時間才決定往下跳。接着，研究人員把兩組小鼠的腸道菌互相轉移，在膽小小鼠的體內移植大膽小鼠的腸道菌，也在大膽小鼠的體內移植膽小小鼠的腸道菌。大約3個星期後，膽

小小鼠變得勇敢了，在平台上不用花那麼多時間考慮就往下跳。可是大膽小鼠卻變得膽小了，牠們比之前多花了大約3倍時間，才敢往下跳。由此可見，腸道菌真的跟勇氣有關呢！

腸道會影響我們的情緒，同時也受我們的情緒影響。有研究指，腸道菌能產生抑制焦慮的物質，並通過迷走神經，傳送到大腦。血清素有「幸福激素」之稱，大部分血清素是在消化道裏產生的。一個人壓力太大的話，血清素水平會減少，使人感到焦慮，幸福感也會降低。科學家還發現，有抑鬱症、焦慮症、自閉症的人，腸道內的細菌多樣性不及一般人，細菌數量也不同。

另一方面，有些人一感到緊張或有壓力，就會馬上想上廁所，而且還要去很多次，有的甚至會嚴重到影響日常生活，這些人可能是患上了「腸易激綜合症」，腸易激綜合症在5、6歲的小孩以至老人家身上都有機會出現。患者的腸道功能失調，一種情況是腸道蠕動得太快，引致腹瀉；另一種是腸道蠕動得太慢，於是出現便秘。

要維持身心健康，不是單靠一兩種腸道菌就可以做到的。我們可通過均衡飲食，多吃不同種類的食物，使腸道內的微生物變得多樣。如果想腸道菌給你勇氣、提升幸福感，你先要多吃健康食物，讓腸道菌吃個飽，牠們才能努力工作，分泌出我們身體所需的物質啊！

不太乾淨
卻很有用

屁可以燃燒，甚至爆炸？

聽說屁可以燃燒，甚至引致爆炸呢！要忍住不放嗎？可是要忍住不放屁並不容易啊！其實你不用擔心放屁時會「火燒屁股」，反正你由出生到現在放了這麼多屁，都沒試過屁股着火呀！

放屁是正常的生理現象，一個成年人平均每日放屁8至20次。屁主要有兩個來源，第一種是我們進食時，把空氣一併吞進肚子裏。一邊吃一邊說話、吃得太快、吃口香糖等，都會使我們吞下不少空氣。部分氣體會在打嗝時由嘴巴排出體外，另一部分則跟隨食物進入腸道，再經肛門排出體外，即是放屁。第二種來源是腸道細菌在分解、消

化食物時產生的氣體。特別是一些難消化、有豐富纖維的食物，如豆類、西蘭花、番薯、芋頭、糯米等，會在腸道內逗留較長的時間。腸道細菌見到有這麼多食物，自然要大吃特吃，因此產生的氣體也會比較多。

屁的成分包括氧氣、氮氣、二氧化碳、氫氣和甲烷，它們的比例視乎我們吃的食物種類和腸道菌數量而不同。在這些氣體中，氫氣和甲烷是易燃氣體。假如我們放的屁累積到一定的濃度，確實可以點燃起來，甚至引發爆炸。不過，屁排出體外之後，很快就在空氣中稀釋了，所以我們不會因為放屁而火燒屁股，更不用擔心屁股會爆炸。

放屁有很多好處，首先當然是排出肚子裏的氣體，使肚子不會脹鼓鼓的。其次，我們可留意屁的氣味、放屁次數等，觀察自己的健康狀況。如果經常放很臭的屁，代表你吃了太多肉或濃味的食物，要注意調節飲食。放屁太多，可能是消化系統出了問題，或者是壓力太大等。很少放屁，甚至不放屁，都是不好的，因為飲食正常，但身體未能正常排氣，就可能是身體出現問題，要請醫生看看了。

有屁但一直忍住不放的話，除了腹脹使人不舒服，還可能導致腸道堵塞，引發其他健康問題。「有屁快放」這句話，果然有道理！

大小二便**真的很髒嗎？**

　　平日我們聽到大便和小便，總是覺得很髒、很臭。我們上完廁所，一定會馬上把它們沖走，還要洗乾淨雙手才離開。不過有人說，大便和小便都很髒這說法其實是錯的？難道大便和小便是乾淨的？

　　我們先來了解大便的形成過程。食物在我們的口腔咀嚼後，經過食道進入胃部。胃部分泌出強烈的胃酸殺死細菌，幫助分解食物。大約半小時至兩小時後，食物變成粥狀，由胃部進入充滿細菌的腸道。先是由小腸吸收食物中的水分和養分，然後到大腸進一步吸收水分。小腸和大腸都未能消化的食物殘渣、未完全吸收的水分，連同身體

內已死的細胞、腸道內的細菌等，形成了糞便。大腸慢慢蠕動，把糞便推到腸道末端的直腸，最後糞便經肛門排出體外。腸道是人體裏最多細菌的地方，人的糞便在未排出身體之前已沾了很多細菌。糞便排出體外後，沒有了人體免疫系統的抑制，細菌更加肆無忌憚地大量繁殖起來。所以，大便的確是很髒的。

那麼，小便又怎樣呢？我們喝下的清水、果汁等，同樣由嘴巴進入食道、胃部、小腸和大腸。這些水分在腸道內被吸收，進入血液，沿着血管抵達心臟。血液從心臟輸送到全身，一邊為身體各處輸送氧氣、養分等，一邊帶走身體不要的代謝廢物。血液流到腎臟，在腎臟反覆過濾之後，不要的水分和廢物就成了尿液。尿液經輸尿管來到膀胱，最後由尿道排出體外。雖然大便和小便都是身體不要的排泄物，但是小便在身體處理的過程中，尤其是經腎臟過濾後，其實是乾淨的。可是，小便排出體外後，很快滋生大量細菌，就變得骯髒了。

不過，你可別因為大便、小便骯髒，就小看它們，它們可是很有用的呢！現時還有農民把大便和小便當作天然肥料，為農作物施肥。此外，醫學界已驗證過，把健康的糞便移植到患有嚴重腸道疾病的病人腸道裏，有助改善病人的腸道健康。在英國，還有生物能源研究小組展開「尿能」發電的研究，發明了用尿液發電照明的廁所，而且在發電的同時能淨化污水。他們還發現，用大約600毫升的尿液發電，可以為手機充電6小時，並且能通話3小時呢！

為什麼眼垢會多得睜不開眼睛？

你有試過早上起牀時發現，眼垢多得使眼睛睜不開嗎？那是怎麼一回事呢？

眼垢俗稱眼屎，一般是透明、淡白色或淡黃色的，而且有點黏黏的。我們的眼瞼裏有瞼板腺，負責分泌油脂、潤滑眼瞼和眼球的接觸面，減少眼睛的水分蒸發，幫助保護眼睛。我們睡覺的時候，雖然不用眨眼，但是瞼板腺仍然會分泌油脂。這些油脂和眼淚、灰塵等結合起來，堆積在眼角、眼睫毛上面，於是形成了眼垢，並慢慢變乾。所以，一般人起牀時會發現眼角有少量眼垢，是正常的生理現象。

如果眼垢增多，或者變成黃色、綠色，可能是眼睛受到了細菌或病毒感染，例如結膜炎、眼瞼炎、乾眼症等。結膜炎就是眼瞼裏面和眼球表面的結膜發炎，最常見的是「傳染性急性結膜炎」，俗稱「紅眼症」。細菌或過濾性病毒都可導致結膜發炎，使人眼睛紅腫、疼痛、發癢、流淚、有異物感、怕光等，還會大量增加分泌物，所以有很多眼垢。有時眼垢太多，黏住了眼睛，就可能會睜不開眼了。如果是細菌引致的結膜炎，眼垢比較黏稠，呈白色或黃色，而病毒引致的結膜炎，眼垢比較稀薄。由於紅眼症的傳染性很高，患者除了注意眼部衛生，也要留意自己的手指、毛巾、衣物等用品會否把致病源傳播開去。

　　青少年油脂分泌較旺盛，加上有些人休息不足，用眼過度，眼垢會多些。還有些人常常用手揉眼睛，又不注意手和眼的清潔，於是把手上的細菌帶到眼睛，引致感染，眼垢就會變多。此外，空氣乾燥，人體缺乏水分，眼垢也會增多。

　　想減少眼垢過多的問題，就要注意眼部衛生，盡量不要用手接觸眼睛，還要讓眼睛有適當的休息。平日多喝水，少吃煎炸、辛辣或油膩的食物。眼部按摩、用熱毛巾敷眼等，都有助紓緩眼部不適。如果是眼睛發炎而導致眼垢過多的問題，就應盡快請醫生診治了。

壓力大，耳垢都知道？

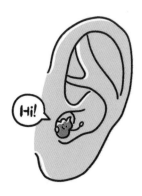

　　當我們壓力大的時候，要找方法減壓，例如做運動、聽音樂、找朋友傾訴等。如果不知道怎樣表達，說不出來，誰都不知道。沒關係，你的耳垢都知道。

　　耳垢俗稱耳屎，主要由外耳道表皮的皮屑、油脂等耳道分泌物組成。油脂幫助耳道的皮膚保持水分，還能抗菌、防水。耳垢有特別的黏性，能黏住皮屑、細菌、塵埃、小昆蟲等，並卡在耳道較外面的位置，不讓它們進入耳朵內部，從而保護耳朵。

　　當人感到壓力大，油脂分泌會增多，使耳垢也變多。

英國一項研究發現，在人類的耳垢裏能找到皮質醇。皮質醇即「壓力荷爾蒙」，當大腦感到有壓力，會指示身體增加分泌皮質醇。通過分析耳垢中的皮質醇濃度，可檢視人們是否處於高壓狀態。這樣的檢測方法，將來可能進一步發展為幫助判斷一個人是否患有焦慮症、抑鬱症等。

耳垢可分為乾、濕兩種類型，也有半乾半濕的，主要根據遺傳而定。黃種人多有乾耳垢，白人和黑人則多有濕耳垢。乾耳垢是灰褐或淺灰色的，比較乾和容易碎。濕耳垢多是褐色的，比較濕，黏性較高。濕耳垢如果長時間接觸空氣，會變硬和變深色，有時可能會塞住耳道。

一般來說，耳垢會自行排出體外，我們不需要刻意去挖或清理耳垢。咀嚼、張大嘴巴等動作，都有助耳垢向外排出。如果我們用手指、棉花棒或挖耳棒挖耳朵，會把耳垢向耳朵裏面愈推愈深，有機會堵塞了耳道。萬一不慎挖傷耳朵的皮膚，可引起細菌感染，使耳朵發炎，嚴重的會影響聽力，甚至失聰！而且，過度清潔會使耳朵變得乾燥，讓人更加感到耳朵發癢，那就更想去挖耳朵，增加耳朵受傷的機會。所以如無必要，還是不要自行挖耳，平時多注重外耳道的清潔就好。

小朋友的耳道比較窄，分泌較旺盛，會產生較多的耳垢。如果耳垢過多，可能會讓人覺得聽聲音時像隔了一層膜，聽得不太清楚，或者覺得耳朵裏有異物。要安全地清理較嚴重的耳垢問題，最好請醫生處理。醫生一般會開一些使耳垢變軟的藥水，幫助耳垢自行排出。

其實我們在無意中
吃了不少鼻垢？

　　相信大部分人都試過挖鼻孔，有時是因為鼻子發癢，有時是想清潔鼻孔，挖出鼻垢。鼻垢挖出來之後會怎樣做呢？不知道你會不會這樣做，有些人會很自然地把鼻垢放進嘴巴吃掉……這樣做很噁心？如果你知道我們經常在不知不覺中吃下鼻垢，你感覺怎樣呢？

　　鼻垢即是鼻屎，成分包括鼻腔分泌出來的黏液，也就是鼻涕，以及吸入空氣時隨空氣進入鼻腔的細菌、病毒、灰塵、空氣污染物等，或許還要加上鼻毛。這些東西在鼻腔裏黏在一起，並且變乾，就會成為鼻垢。在空氣污染指

數較高的日子，或在灰塵較多的環境中，我們的鼻垢都會增多。

我們無時無刻都在吸入空氣，空氣也很難完全沒有灰塵、污染物等，假如你沒有挖鼻孔或主動清理鼻垢的習慣，鼻垢是怎樣從鼻腔裏消失的呢？可能會在我們打噴嚏時噴了出去，也可能在我們吸鼻子的時候一併吸進了體內。特別是在患上感冒、鼻子過敏等情況下，鼻水、鼻涕增多，我們會不斷吸鼻子，甚至出現鼻水倒流。這時候，鼻垢就會隨着鼻水、鼻涕吸了進去，然後吞進肚子裏了。所以說，就算你沒有吃鼻垢的習慣，也會在無意中吃了不少鼻垢。這個行為在某程度上是無法完全避免的。

那麼，我們吃了鼻垢之後會怎樣呢？認為吃鼻垢有好處的一派，主張吃鼻垢有助提升免疫力。鼻垢裏含有不少細菌，如果吃下鼻垢，這些細菌進入到人體後，人體的免疫系統馬上啟動攻擊模式，殺死細菌。他們認為人們在日常生活中應該接觸一些細菌，訓練免疫系統對細菌作出反應，提升免疫能力。如果太過乾淨，反而使人容易生病和過敏。

不過，也有人認為，現時並未有確實的科研證明吃鼻垢對健康有益，而且我們在日常生活中已經接觸到很多細菌，沒有必要吃鼻垢來增加體內的細菌。反而是用手指挖鼻孔的話，會把手指上許多細菌、病毒帶進鼻腔，可能使人生病。在挖鼻孔的過程中，如不慎弄傷了鼻腔，引致流鼻血、細菌感染等，問題就更大了。

我們的大便原本
是綠色的？

「天啊，我今天的便便是綠色的！這是出了什麼問題嗎？」先別着急，綠色的大便未必是生病的徵兆，我們的大便原本就是綠色的。要是有紅色、黑色或灰白色的大便，就要盡快求醫了。為什麼這樣說？我們先來了解一下大便的顏色和形狀吧！

我們每天都吃多種食物，而且有不同顏色，但是排出來的大便通常是棕色、黃褐色的，主要是因為膽汁把腸道裏的大便染了色。食物經過食道、胃部來到小腸，遇到多種消化液。小腸分泌的小腸液、胰臟分泌的胰液，以及肝臟產生的膽汁，都有助中和胃酸，幫助消化食物。膽汁原

本是深綠色的，就是它把腸道裏的大便染成深綠色。初生嬰兒早期排出來的大便就是深綠色的。膽汁去到小腸、大腸的時候，在細菌和酵素的化學作用下，深綠色的大便慢慢轉為棕色，成為我們常見的大便顏色。

正常、健康的大便是土黃色、棕色、黃褐色一類的顏色，但有時會因為我們吃的食物而變色。例如吃了大量綠葉蔬菜，可使大便變成綠色；吃了紅肉火龍果，大便會帶紅色。一般來說，這些「變色」大便在一兩天之後就可回復正常，不需太擔心。要是沒有吃這些食物，大便卻帶紅色或黑色，而且維持一段較長的時間，這就要多加留意了。

除了大便的顏色，大便的形態也值得留意。我們的大便通常是長條狀的，略為濕潤，不太硬也不會太軟，不需太用力就可自然、順暢地排出來。拉肚子的時候，膽汁雖然到了腸道，但是腸道蠕動得很快，大便還來不及與細菌、酵素等發生化學作用，也未及成形就要排出體外。這時的大便可能是綠色的，而且水分比較多，爛爛的。另一方面，便秘的時候，大便太過乾硬、呈粒狀，增加了排便的困難。還有一種情況是，大便黏在馬桶上，不容易沖走，這可能是我們吃了太多高蛋白、高油脂的食物。

大便的顏色、形狀、乾濕度等都可反映我們的健康，下次在沖廁之前可留意一下啦！

傷心時的眼淚有毒？

　　有人說，人在傷心的時候流出來的眼淚是有毒的，這時千萬不要忍，讓傷心的眼淚盡情流走，否則會傷害身體。事實真的是這樣嗎？

　　我們眼眶的外上方有淚腺，淚腺負責分泌淚液，然後由排泄管排出淚液。眼淚當中大部分是水，餘下的極小部分是蛋白質、溶菌酶等，所以眼淚有助保持眼角膜和眼球濕潤，為眼睛傳送養分，抑制細菌生長。

　　眼淚可分為三種。第一種是「基礎性眼淚」，幫助保持眼睛濕潤，但每天分泌出來的量比較少，我們未必能察

覺。第二種是「反射性眼淚」，當眼睛受到外物刺激，例如灰塵、沙子、掉進眼裏的眼睫毛等，眼睛會有反射性動作，包括不斷眨眼或閉上眼睛，並且分泌反射性眼淚，沖走異物。第三種是「情緒性眼淚」，受到人的情緒影響而流出來。

有人認為，我們在壓力、情緒誘發下流出的眼淚，可連同體內的有毒物質一併排出體外，就像人體排出大小便那樣，把身體不要的東西帶離身體。尤其是在感到傷心、有壓力的時候，人體會增加分泌對身體有害的物質。於是，人在傷心時流出來的眼淚是有毒的說法就流傳開去了。

科學家嘗試收集人在不同情況下流出來的眼淚，比較當中的成分。研究發現，人在切洋葱時受到外來刺激而流下的「反射性眼淚」，與觀看悲情電影時流出來的「情緒性眼淚」，蛋白質濃度其實相差不大。「情緒性眼淚」的有毒化合物比較多，反映眼淚確實有助身體排走影響情緒、因壓力而分泌出來的有害物質。這也解釋了人們在情緒不好的時候，為什麼哭完會比較舒服。

不過，眼淚能帶走的有害物質，其實有些在大小便、汗水裏都能發現。再者，人每次哭泣所產生的眼淚比較有限，排毒功效還不如你上個廁所那麼好呢！

無論眼淚有沒有毒，想哭就哭出來吧！但記得在擦眼淚時，要用紙巾不要用手，因為你的手有很多細菌呀！

嘴巴比屁股更髒？

我們用嘴巴吃東西，用屁股上廁所，嘴巴一定比屁股乾淨吧？很抱歉要告訴你，這是錯的。

如果沒有洗乾淨，嘴巴和屁股的細菌數量其實是差不多的。令人驚訝的是，如果洗乾淨屁股，嘴巴裏的細菌可能比屁股更多！屁股的細菌來自負責處理人體剩餘廢物的大腸，只要如廁後妥善擦拭，加上每天洗澡，屁股的細菌就不會影響我們的健康。

可是，洗澡可以減少屁股的細菌數量，嘴巴裏的細菌就不能在刷牙、漱口時洗乾淨嗎？這是因為口腔長期保持

溫暖濕潤，又常有食物殘渣作為糧食，對細菌來說簡直是天堂。而且我們說話、吃東西時，口腔都會接觸到外面的空氣、食物等，那就更不可能完全洗走口腔裏的細菌了。

不過，我們知道身體裏其實有無數的細菌，當中有益菌也有害菌，口腔裏的細菌也不例外。常見存活在口腔的細菌多達700至900種，分佈在牙齒、牙齦、舌頭、喉嚨等地方。有益的口腔細菌可幫忙分解食物的養分，也有些會製造腎上腺素、血清素、多巴胺等身體所需的元素，是維持健康的好伙伴。

至於壞的口腔細菌，不用想也知道會帶來很多不良影響。其中一個不單不衛生，還會令人尷尬的就是口氣問題。有口氣是因為細菌把口腔裏的蛋白質分解，並釋出一些有臭味的物質。我們早上起牀時，口氣通常特別大。平時唾液可幫助清除這些細菌，但在睡覺時，唾液的分泌量會大大減少，所以細菌趁着我們睡覺，用了一整晚製造臭味呢！

此外，壞的口腔細菌也會損害牙齒健康。牙齒表面的細菌薄膜叫做牙菌膜，牙菌膜長期積聚會造成蛀牙和牙周病，使人牙痛、進食困難，嚴重的話可能需要拔牙。刷牙可減少牙菌膜積聚，我們不但要早晚刷牙，更要特別注意清潔牙縫和牙齦邊緣，保持口腔衛生啊！

流鼻水就是**感冒嗎**？

　　鼻水又稱鼻涕，有個說法是鼻水比較稀，鼻涕則比較濃稠，但它們都是指鼻子裏面的黏膜分泌出來的黏液。鼻水主要用來保持鼻腔濕潤，使吸入體內的空氣變得溫暖和潮濕。所以，我們的鼻子無時無刻都在分泌鼻腔黏液。鼻腔後面連接着喉嚨，大部分的鼻水都在我們不為意的時候吞下肚子去了。

　　鼻子吸入空氣時，鼻黏膜的黏液可以黏住空氣中的細菌、病毒、塵埃、空氣污染物等，有時黏在鼻腔四周，有時黏在鼻毛上，變乾後就是鼻垢了。

正常的鼻水應該是透明的，像清水那樣稀。經常連續打幾個噴嚏，流出透明無色的鼻水，而且鼻子或眼睛發癢，但沒有肌肉痠痛、發燒等症狀，就可能是過敏性鼻炎，即是鼻敏感。這時鼻水增多，是為了沖走鼻腔中的致敏物質。

在感冒初期，鼻腔裏的黏膜開始增厚，減少分泌，使鼻水的濃度增加，形成乳白色的鼻涕。黃色或綠色的鼻涕表示有細菌或病毒入侵，身體的免疫系統正與細菌或病毒開戰。鼻涕愈濃稠，表示體內的感染愈嚴重。多喝水有助稀釋鼻涕，盡快沖走鼻子中的細菌或病毒。

萬一出現帶粉紅色或紅色血絲的鼻涕，甚至流鼻血，應該是鼻腔受傷了。鼻腔黏膜佈滿微絲血管，空氣太乾燥、常常挖鼻孔、抹鼻涕時太大力、鼻子受到外力猛烈碰撞等，都可使鼻腔黏膜受傷而出血。

有時鼻水太多，積聚在鼻腔後面，鼻水會向後流去喉嚨，出現鼻水倒流。這時我們會感覺到自己把鼻水吞下去了。感冒、鼻敏感、鼻竇炎等都會出現鼻水倒流，繼而引發咳嗽、喉嚨痛、聲音沙啞等問題。睡覺時墊高枕頭，或用熱毛巾敷在鼻子上，有助紓緩症狀。

鼻水、鼻涕其實有很多細菌、病毒，特別是黃綠色的鼻涕。我們打噴嚏時，最好用紙巾掩蓋口和鼻。抹完鼻涕，一定要洗乾淨雙手啊！

為什麼屁會這樣臭？

我們每次放屁，都會噴出不同成分的氣體，假如仔細品嘗的話，就會發現每一道屁聞起來都有點不同——有時無色無味，有時臭氣薰天。為什麼會有這樣大的區別呢？那就要從屁的誕生開始說起。

當我們吃下食物後，腸道裏的細菌便會開始工作，把食物的殘渣轉化成供應給身體使用的養分，又會製造出一些新成分和氣體。當中包括氧氣、氮氣、二氧化碳、甲烷、氫氣，或是硫化物、氨等有機化合物。而最具威力的臭屁，通常是在分解食物中的氨基酸，即構成蛋白質的基礎成分時出現的。許多人們平日常吃的食物中都含有氨基

酸，例如肉類、豆製品等。假如吃太多肉或喝太多豆漿，就有可能讓臭屁停不了，甚或令屁的臭味升級，隨時使人窒息！

別以為飲食中少肉多菜，便不會大放臭屁。原來一些富含硫化物的蔬菜也會在體內產生臭氣，例如蘆筍、洋蔥、蒜等。這樣產生的氣體聞起來有點像變壞了的雞蛋，同樣能成為絕佳的「化學武器」！當然屁裏有些成分是沒有氣味的，包括氧氣和氮氣；但這些無辜的成分與真正的「臭分子」結合後，卻能加強臭味的強度，令臭氣可以迅速蔓延！

除了臭味外，其實上述的過程中還會釋放大量熱能，隨着腸道噴湧而出。難怪我們放臭屁時，總會覺得屁股暖暖的啦！

人體的腸道中有林林總總的細菌，當中有益菌也有壞菌。壞菌太多的時候，便會在分解食物期間放出臭氣。所以我們不斷放臭屁，有可能是來自身體的警告！這時候，我們就要檢視一下自己：是不是吃太多高糖、高脂肪的食物了？有沒有經常熬夜玩電腦遊戲？這些不良的生活習慣都會抑制益菌生長，助長壞菌啊！假如臭屁愈來愈多，臭氣愈來愈濃，那最好去看看醫生，檢查一下消化系統是不是出現毛病了。

令人震驚的日常

賴牀可以讓我們
變得更精神嗎？

　　不少人都喜歡賴牀，覺得在鬧鐘響後關掉它繼續睡，可算是一大樂事；有些人甚至會故意設定一個早30分鐘，甚至45分鐘的鬧鐘，讓自己醒來後還可以「大條道理」地賴牀一會。可是，這個習慣非但無法令你變得更加精神，也沒有讓你獲得更多能量去面對新一天，反倒讓你愈睡愈累。

　　原來我們的睡眠可以分為入睡期、淺睡期、熟睡期、快速動眼期幾個階段，其間腦部會釋放出「褪黑素」，這是一種睡眠荷爾蒙，它透過降低脈搏、體溫、血壓，促使我們順利入睡和清醒。如果我們在被鬧鐘喚醒後強行繼續睡的

話，睡眠荷爾蒙會在賴牀的時間內累積，令我們下牀後感到更加疲累，還會很難集中精神，令白天更加渾渾噩噩。

在睡眠的幾個周期中，真正能令我們消除疲勞、回復精神的是「熟睡期」，也稱為深層睡眠。深層睡眠期間，我們的大腦皮層處於休息狀態，心跳、呼吸運動、腦波都降到最低，身體專注回復能量，並修復組織和細胞。深層睡眠發生在每個睡眠周期的中段，大約佔我們全段睡眠時間的四分之一。賴牀無益身體，是因為這些「加時」只是非常淺層的睡眠，根本不屬於熟睡期，並沒有補充精力的效果。

人體生理時鐘非常神奇，它會自動調控我們睡眠的時間及長度。如果早上賴牀貪睡，起牀時間變晚，會造成整個生理時鐘往後延遲，打亂睡眠周期，導致晚上失眠或睡不好。屆時隔天上課又爬不起來，陷入惡性循環，將會大大影響我們的精神狀態。

賴牀的感覺雖然舒服，卻是「因小失大」，會犧牲我們生理時鐘的穩定性。下次聽見鬧鐘時，嘗試努力抵着倦意，下牀開始新的一天。不久後你便會發現，這比起任性地不斷賴牀精神多了！

我們一生竟然花了這麼多時間在做這些事？

　　所謂「一寸光陰一寸金，寸金難買寸光陰」，父母從小教導我們要珍惜光陰，參加各項有益的學習活動，戒掉浪費時間的壞習慣。如果你告訴父母，你的人生準備花上25年來發夢，什麼都不會幹，全心雲遊夢境，大概他們會以為你生病了，立刻帶你去看醫生！

　　可是這絕非無憑無據的估算，我們來認真算算：一天有24小時，若果我們每天都能睡滿8小時，等於我們每天將近有三分之一的時間都是活在睡夢中。假設人均壽命是75歲，乘以三分之一，我們的確會用掉其中25年來睡覺，看來我們睡得比想像中要多啊！

另一個令人震驚的統計數據，就是我們每天的眨眼次數。為了保持眼睛清潔和濕潤，我們平均每天需要眨眼1萬次，平均每5秒一次。總計下來，人生一共會眨上約4億次眼。如果你把人生所有眨眼的時間存起來，再一次過用完，那麼你將會有長達1年多的時間是眼前漆黑一片的。

　　時間總是在不知不覺間流逝。我們每天各種的行為加起來，所累積的時數，隨時嚇我們一跳。睡覺和眨眼，始終屬於身體機能，佔用了我們那麼多時間，也無可厚非。除了這兩件事，你還能想到什麼「積少成多」的日常活動嗎？

　　來看看現在都市人最常做的事——上網，總共用了我們多少時間吧。數個月？數十年？先別看下去！讓你們先自己猜猜看。

　　現在來揭盅答案吧！「機不離手」的香港人，平均每周上網89小時，一年足足有193日都在上網；換言之，我們一輩子大概有44年零10個月，都是在看社交網站、玩線上遊戲、看影片劇集等。我們沉醉在網路的總時數，超過了壽命的一半，可說是名副其實的「網路世代」。

　　其實，時間是不是被「浪費」了，並不取決於長短，而是取決於我們是否用得其所。睡覺和眨眼幫助了我們的身體保持精神，上網帶給了我們豐富的資訊和娛樂。只要我們都能從這些活動中獲得知識、力量和快樂，那麼時間就永不會是被「浪費」了。

我們的體內原來內置了一個「太陽能鬧鐘」？

　　時鐘是日常生活的必需品，我們都得依賴它來準時上學、約會親友或趕巴士。可是你有想過嗎？就算沒有了鬧鐘，原來我們也能夠感知到時間的流動——這全靠我們人體內的「生理時鐘」。

　　人類的生理時鐘，能夠配合日夜循環而變化。雖然觸摸不到，生理時鐘卻無時無刻為我們身體內的各個器官「報時」，告訴器官們什麼時候需要休息，什麼時候需要工作。在白天陽光充沛時，它幫助我們精神奕奕地做事；在晚上太陽下山後，它提醒我們上牀休息。而且這個生理時鐘還非常「環保」，居然是「太陽能」的！它透過光線

變化，來輔助我們判斷外界的時間。當我們睡醒，陽光照進眼睛，視覺神經便會發送信號到大腦中心，再由這個中心指揮身體的其他部位作出反應，例如當清晨陽光灑落你的臉上，你會自然而然的從睡夢中醒來，感到朝氣勃勃、精神飽滿；當大腦發現眼睛接收到的光線減少，便會分泌「褪黑素」，激起我們的睡意。難怪我們在昏暗的環境總是昏昏欲睡！

生理時鐘負責調節我們身體的各樣功能，所以一旦我們的生活缺乏規律，作息不定時，這個時鐘便很容易出錯，身體也會隨之生出毛病。在古代，人類沒有電燈，大多古人保持着「日出而作，日入而息」的生活模式，讓他們即使沒有高科技的電子鬧鐘，仍能準時起牀工作。可是，在電燈發明後，現代人開始在夜晚工作、娛樂，生活模式甚至完全日夜顛倒。這使得我們的眼睛整晚都在接收光線，令生理時鐘錯亂，身體器官工作周期不規則，大大提升患上慢性病的風險。

然而，生理時鐘不是人類的「專利產品」，其他動物的體內也存在生理時鐘，只是具備不同的運行方式。有些夜行動物，譬如蝙蝠、毛蟹等，由於牠們的視力在夜晚特別清晰，在白天反而是一片模糊，因此牠們的生理時鐘與我們剛好相反，是在沒有光線的情況下才會活躍。下一次當爸爸媽媽催促你上牀睡覺，別再辯稱自己是「夜貓子」了！除非你是一隻蝙蝠或者毛蟹，不然我們每個人的生理時鐘都是一樣的。

哪個才是
「我的聲音」？

　　活在多媒體的年代，你們想必使用過錄音或錄影的設備，可能是在通訊軟件留下語音訊息，可能是錄下自己唱歌的歌聲，可能是觀看親友拍下的影片。在重新播放這些音訊時，你們有沒有發覺錄出來的聲音非常陌生？明明說話者確實是自己，但聽起來總是有點微妙的差異。若我們詢問別人，他們往往卻會理所當然地說：「這就是你平常的聲音啊。」到底為什麼會這樣子呢？難不成我們自己聽到的聲音，跟他人聽到的聲音是不同的嗎？

　　事實上，我們和別人都沒有問題，大家聽到的聲音都是正確的。自己聽取自己的聲音，和別人聽取自己的聲

音，確實是會有所不同，這是由於聲音傳播的途經不一樣。所有聲音都是透過震動產生，震動必須要靠「介質」才能傳播，例如空氣、水及固體。人發出聲音的原理亦一樣，當氣流通過我們的喉嚨，聲帶便會震動並發出聲音，然後通過嘴巴和舌頭，調整成各種精確的語言和美妙的歌聲，最後進入他人的耳朵。

關鍵的差異就出現在這裏，我們的聲音傳到別人的耳中，只有透過空氣傳導；但我們的聲音傳進自己的耳中，除了空氣傳導，還有骨傳導，是兩種傳導方法加起來的結果。骨傳導，即喉嚨震動發出的聲音，也會透過我們頭部的骨頭傳入耳膜。骨傳導比起空氣傳導來得直接，所以會比較大聲，感覺亦比較厚實。

如果你嘗試搗住耳朵說話，便會發現聲音頓時變得低沉且充滿立體感，就像環繞着你的腦袋一樣，這正是因為搗住耳朵時隔絕了空氣傳導，聲音只透過骨頭傳進了你的耳膜，因此音量和音色又改變了。

所以，到底哪個才是自己「真正」的聲音呢？理論上，他人聽見的聲音只透過空氣接收，是受到最少干擾的，所以會比較接近原貌。既然我們無法獲得別人的耳朵，那麼聆聽自己的錄音，便是我們了解自己的聲音在外界聽起來是什麼樣子的最佳方法了。

不睡覺不行嗎？

　　無關年齡性別，我們每個人每天都會睡覺，甚至連你養的小狗貓咪也需要睡覺。人類每天花接近三分之一的時間在睡覺，有時難免想睡少一點，就可以多玩玩遊戲機、看看電視，做自己想做的事。那如果我們不睡覺可以嗎？這樣每天就可以多出8個小時做不同的事情！但是，我們可以不睡覺嗎？

　　生物在進化的過程中，一般都會淘汰一些沒有用途或意義的部分和習慣，但睡眠在進化的過程中一直被保留着，而且在不同物種上都保留着，證明睡眠一定有用處，不能忽視它的重要性。普遍的說法都認為睡眠可以令身體

在一整天的勞動過後有充分的休息，幫助我們恢復體力，應付第二天的活動，有些更仔細的研究，讓我們可以更深入了解睡覺的重要性。

首先了解一下睡眠是什麼。睡覺其實可以大致分為「快速動眼睡眠（REM，rapid eye movement）」及「非快速動眼睡眠（NREM，non-rapid eye movement）」兩部分，我們每晚的睡眠都是在這兩部分來來回回。有研究發現，這兩部分的睡眠都分別替我們的身體完成了不同的修復工作。

在快速動眼睡眠期間，大腦的活動非常活躍，大腦會處理白天中獲得的重要資訊和知識，整理白天的各種記憶，然後把不需要的記憶清除，這樣有助我們鞏固長期記憶，提升大腦的功能；當進入非快速動眼睡眠的時候，大腦的活動變得很低，身體正在修復身體細胞受到的疲勞和損害，並調整身體各個器官的運作，免疫功能也在這時候最活躍。同時，身體亦釋出不同的生長激素、荷爾蒙等，促進我們身體和大腦的成長及發育。

說到這裏，你應該就明白睡眠對我們是有多重要，我們不能不睡覺，因為不論是修復身體的能力，或是生長激素的分泌，在我們睡覺時都比清醒時要多，睡覺就是保護身體最好的方法。我們一天必須要睡足8個小時，讓我們維持身體健康，有體力和精神面對第二天的生活和學習。

我們不只
靠舌頭來嘗味道？

　　一般說着甜、鹹、苦、酸等這些味道，我們都會認為是舌頭的功勞，舌頭上的味蕾感受到食物不同的味覺信號，然後傳送回大腦，令我們知道該種食物是什麼味道的。不過試回想一下，你有沒有試過鼻塞？你記得當時吃着什麼都沒有味道的感覺嗎？或者媽媽曾經叫你捏着鼻子喝苦茶嗎？如果我們只靠味覺感受味道，應該不會出現這些情況才是。由此可見，「味道」這件事，不是這麼簡單！

　　「味道」其實不單是只靠味覺，而是由嗅覺、視覺、味覺和觸覺組合而成的感受，所以我們形容美食會形容為

「色、香、味俱全」就是這個意思。特別是嗅覺和視覺，對味道的影響原來十分大。當我們眼睛看不見或是鼻子被堵住的話，我們對食物的味道認知就會變得不同，會無法準確品嘗出食物的味道，甚至可能不知道自己在吃什麼，究竟為什麼會這樣呢？

眼睛是人類一個非常重要的感官接收器，因為當我們見到這件食物時，大腦就會根據過去的經驗和記憶，預測了食物的味道。而且顏色也會影響味覺，顏色是有讓人想起味道的效果，例如我們看到黃色物品就聯想到檸檬，檸檬又會聯想到酸味；紫色就會聯想到葡萄的香甜。因此，不少食品都會添加食用色素，來令食物看起來更符合它應有的味道。

另外，不只有視覺，嗅覺也能影響我們的味覺。有沒有留意過身邊的大人在喝咖啡或紅酒時，總會把鼻子湊進去聞一下再喝？這是因為嗅覺會影響我們對味道的感知，進而會改變你對味道的感覺。有科學家估計，我們品嘗到的味道，其實絕大部分都是源自嗅覺。

看似簡單的味道，其實是由多種感官刺激而產生的一個複雜系統，比起單一依靠味覺，甚至更需要視覺和嗅覺去確認食物的味道。下次再進食時，不妨試試先用你的眼睛和鼻子去感受食物，看看是否真的會更美味吧！

我們不吃不喝不呼吸
可以撐多久？

　　我們都知道，人不呼吸會死！不喝水會死！不吃東西也會死！可是，你知道人缺少這三種東西的極限是多久嗎？

　　我們呼吸時，肺部會吸入身體需要的氧氣，呼出二氧化碳。如果我們不能呼吸、肺部有疾病以致無法吸取氧氣或環境中沒有足夠的氧氣，人就會缺氧。當沒有足夠氧氣支持運作，會對大腦、心臟、肺部等造成重大傷害。一般來說，人缺氧3至5分鐘就會昏倒，如果沒有及時急救，最終就會死亡。即使急救成功，一旦大腦缺氧時間過長，也

會對大腦造成無法挽救的創傷。嚴重的話，有機會使人變成植物人。

　　水對人也十分重要，我們的身體大部分都是水分。平時我們通過大小便、流汗、呼吸等途徑排出水分，同時會從飲食中補充。如果補充的水分持續比流失的少，人就會脫水。有人說，人不喝水，真的3天就會死亡嗎？其實這要視乎那人的身體狀況和當時的環境因素。身體較強壯的人可以堅持得久一些，酷熱天氣會加快人的脫水速度。人長時間不喝水，首先當然是感到口渴。身體為了留住水分，小便的顏色會變深，血液濃度會增加，心跳會加快，人也會愈來愈疲倦，並出現頭痛、頭暈、眼睛乾澀、皮膚乾燥等症狀。

　　至於不吃東西，雖然沒有缺氧和脫水那麼快導致死亡，但是對人的生命也有很大威脅。人不吃東西多久會死，要視乎是不是也同時缺水。如果沒有水和食物，人就會先因脫水而死，但只是沒有食物的話，光靠喝水可以活2至3個月。由於不能從食物中得到營養，身體會把體內的養分轉化為能量，例如分解脂肪和肌肉來維持生命。

　　在一些大災難發生時，我們常聽到「救援黃金72小時」，就是指受困的人即使不吃不喝，在頭3天仍有很大機會存活下來，這72小時就是最有機會救出生還者的。不過，雖說3天是一般人的極限，但有時在災區超過3天仍能救出生還者。人的意志力和生命力真是不能低估啊！

嗅覺也會跟着
一起睡覺？

　　「着火啦！着火啦！快逃啊！」深夜時分，一聲聲的高呼，伴隨着大力拍門的聲門，驚醒了大廈裏熟睡的人。人們半睡半醒地走出家門外，才發現走廊滿佈濃煙，某個單位發生了火災，於是趕快疏散。為什麼人們都沒有聞到濃煙的味道？我們睡覺時，嗅覺也跟着一起睡了嗎？

　　研究指出，人在睡覺時，聽覺是最靈敏的，嗅覺就最遲鈍，所以我們睡覺時容易被某些聲音嚇醒，例如打雷聲、嬰兒哭聲等。這時如果發生火災，產生了大量濃煙，人未必會被濃煙的味道嗆醒，反而會因為濃煙而愈睡愈沉，然後因缺氧而陷入昏迷。因此，發生火災的時候，睡

着的人大多是聽到求救聲、火警警鐘聲而驚醒，很少會因為聞到煙味而醒過來。

雖然嗅覺在人睡眠時的反應最弱，但不是完全關閉的，嗅覺仍然會運作。我們睡覺時的睡眠質素、做夢的內容，都會受到周遭環境氣味影響。科學家曾測試人在睡眠期間嗅到不同味道會有什麼反應。他們找來兩組人，在測試者睡着時，分別讓他們聞玫瑰花和臭雞蛋的味道，聞玫瑰花香的測試者認為自己睡得很好或做了個好夢，但聞臭雞蛋味的人則相反。

為了幫助入睡，睡個好覺，有些人會在房間放置香薰或花草。例如薰衣草、洋甘菊等花香味能使人放鬆心情，較容易入睡，受到失眠人士的歡迎。此外，在牀頭或枕頭旁邊放一個蘋果、檸檬、柑橘等水果，水果的清香味，也能達到鎮靜、放鬆、幫助入睡的功效。不過，這些香味不是對所有人都有效。如果你有鼻敏感，可能會因這些花香、果香而不斷打噴嚏呢！

要找到一種你喜歡、能使你感到安心、放鬆的氣味，才能助你睡個好覺。就像你年幼的時候，可能很喜歡抱着一張小被被入睡，或者一定要有某個特定的玩偶陪你才能睡得好。這就是因為那張小被被、那個玩偶上，有你喜歡的獨特氣味，能使你安心入睡。

跑步時，人需要
12 盒紙包飲品的氧氣？

　　你知道有什麼事情不用怎樣花氣力，身體自然會做，但你又可以有意識地控制的呢？那就是呼吸了。健康的人在無意識的狀態下，無時無刻都在呼吸，連睡覺時也不例外。

　　身體吸入的氧氣量叫「攝氧量」，做劇烈運動時的攝氧量就是最大攝氧量。最大攝氧量除了跟吸入多少氧氣有關，也跟身體能使用多少氧氣有關，反映了人的心肺功能，是評估身體健康狀況時的重要參考。一般來說，男性和體重較重的人，他們的最大攝氧量會比女性和體重較輕的人高。另一方面，最大攝氧量大約在18歲時達到高峰，然後就會隨着年紀增長而下降。

那麼，到底我們的攝氧量是多少呢？根據統計，在日常活動時，一般人的攝氧量大約是每分鐘750至1,500毫升，做中等強度的運動時大約是每分鐘2,000至2,500毫升，而做劇烈運動時，每分鐘可超過3,000毫升。具體來說，一盒紙包飲品是250毫升，即是我們在沒有做運動的情況下，每分鐘也會至少用到相等於3盒紙包飲品容量的氧氣。在做劇烈運動時，例如跑步跑到急喘的時候，更會每分鐘用到12盒紙包飲品那樣多的氧氣。真是意想不到啊！

既然我們需要這麼多氧氣，空氣中的氧氣夠用嗎？的確有機會不夠用。在高海拔的地方，例如在喜瑪拉雅山那種很高的山上。這種地區空氣稀薄，像在海拔5,500公尺高的地方，大概等於13幢國際金融中心的高度，空氣裏的氧氣含量只有平地的一半，我們每次呼吸能吸進的氧氣量只有平時的一半。因此很多人在這種高地會不適應，可能會出現心跳加快、呼吸加速、血壓上升、頭痛等高山反應的徵狀，嚴重的話可以致命呢！

我們從出生開始就接觸到空氣，懂得自行呼吸，不知不覺間吸入了很多氧氣。氧氣雖然看不見、嗅不出，但是我們不能沒有它。即使只是吸少了，也可帶來嚴重的後果。所以說，每一下呼吸，都在提醒我們要愛惜生命啊！

眼見真的為實嗎？

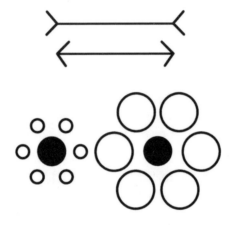

　　當環境的光線進入眼睛，經過角膜、虹膜、水晶體等結構，光線會集中到視網膜上。視網膜會接收到一個倒轉的影像，影像沿視覺神經傳送到大腦，大腦處理信息時就會自動把影像轉回正常的方向。眼睛只是如實把環境的影像傳送給大腦，看到什麼則是由大腦判斷。

　　不過，大腦判斷那個「我們看到的」並不是一定正確。「錯視」是指視覺上的錯覺，由於大腦要不停接收大量信息，有時就會簡化信息，憑經驗和預測去解讀。雖然這樣能更有效率地處理不同感官傳送過來的信息，但同時也有機會出錯，導致產生了「錯覺」。

幾何學錯覺是常見的錯視，即是由物件的面積、長度、距離、寬度或弧度造成的視覺錯覺。大腦常會借助旁邊的物件來評估，所以很容易受周圍環境誤導。看看左頁的圖，有兩條長度相同的線，一條線的兩端各有向內的箭號，而另一條線的兩端則各有向外的箭號。這時大腦就會被箭號干擾，以為箭號向內的那條線比較長；另一個常見的例子是有兩個大小相同的黑色圓形，一個被幾個較大的白色圓形包圍，另一個被幾個較小的白色圓形包圍，大腦就會被外圍的圓形誤導，以為被較小圓形包圍的黑色圓形面積比較大。

　　又試閱讀以下的句子：

　　「有一天，兔子和烏龜一起跑賽，兔子因為驕傲，即使牠快很跑得，最後卻輸給一直力努向跑前的龜烏。」

　　你看得懂這個句子嗎？有沒有發現，其實句子裏有不少錯字和次序顛倒的詞語？但你仍然看得明白。因為人的認知也會導致錯視，稱為「認知錯覺」。我們從出生開始就在不停學習，不知不覺在腦內建立了資料庫。大腦處理信息時，就會在這個資料庫找尋有用的資料。就像剛才的句子，大腦很自然把「跑賽」糾正成「賽跑」、「兔子」糾正成「兔子」等，正是因為大腦從資料庫裏找到我們從小學習的詞語和句子結構，然後自動糾正。

　　我們常說「眼見為實」，但原來大腦很容易被騙，應該說「眼見未為真」才對呢！

為什麼打呵欠會傳染？

　　我們想睡覺或感到無聊的時候，會忍不住張大嘴巴打呵欠；我們養的貓咪和小狗也會打呵欠。看到別人打呵欠，自己也不自覺地跟着打呵欠。看到這裏，你會不會也想打呵欠了呢？有沒有想過，為什麼人會打呵欠呢？而且打呵欠似乎會傳染？

　　早在2,400多年前，一名希臘醫生認為，人在打呵欠時，呼出的氣體比吸入的多，有助清除體內廢氣。過了大約2,000年，有人主張打呵欠能增加血液的氧氣濃度。於是，很多人以為打呵欠是因為體內氧氣不足，甚至被旁邊打呵欠的人「搶」走了氧氣，使自己缺氧而跟着打呵欠。

不過，後來有研究發現，空氣中氧氣和二氧化碳的濃度跟打呵欠沒有關係，不會影響人們打呵欠的次數。有科學家用實驗大鼠做測試，發現大腦溫度較高時，大鼠就會打呵欠。打完呵欠，大腦溫度就會回復正常。另一個研究同樣在人想打呵欠時，將冷毛巾放在他們的額頭上，這時想打呵欠的人就減少了。於是，科學家嘗試從生理功能去解釋，認為打呵欠有助降低大腦的溫度。

另一方面，科學家對打呵欠具有傳染力很感興趣。在一個測試中，研究人員讓測試者觀看影片，影片中有人打呵欠，還有不同的表情。結果發現，影片中有人打呵欠，在場超過一半的人也跟着打呵欠。這時，測試者大腦中屬於鏡像神經網絡的部分使測試儀器亮起燈來。當他們看到影片中有人大笑或木無表情時，燈就不會亮。研究人員認為，大腦中的鏡像神經會模仿別人的行為，使我們也模仿別人那樣做，體會別人的感受，這是建立同理心的基礎。愈有同理心的人，愈容易被人傳染打呵欠。

此外，有人認為打呵欠具有社交功能，它是群居動物中的一種信號，有助傳達信息，所以打呵欠會傳染。可是，當中傳達了什麼信息、為什麼要用打呵欠來傳遞信息，還是未有具說服力的解釋。

更有趣的是，我們不一定是因為親眼看到，才被別人傳染打呵欠。有時聽見打呵欠的聲音，甚至是閱讀「打呵欠」這幾個字，也使人想跟着打呵欠。可能你在閱讀這篇文章的過程中，已經多次打呵欠了。

發燒會燒壞腦？

　　小朋友發燒的時候，家長總是嚴陣以待，用盡各種方法幫小朋友退燒，擔心一個不慎，小朋友發燒燒壞腦，那就糟糕了！可是，發燒真的會燒壞腦嗎？

　　我們先來看看發燒是怎麼一回事。人體的溫度一般在攝氏37度左右，37.5至38度視為低燒，38度或以上才叫做發燒，達到39.5度或以上就是高燒了。不過，不同的探熱方法、環境溫度、個人體質、不同時間量度等，都會影響體溫量度出來的結果。通常我們會量度額溫、耳溫、腋溫、口溫或肛溫，當中以肛溫較準確。由於額頭的皮膚受外在環境溫度影響較大，會出現較大誤差。肛門較接近身

體內部的真正溫度，量度出來的體溫一般比其他部位的體溫高0.5度。

發燒反映了我們身體裏正在打仗。當細菌或病毒入侵我們的身體，引起發炎，身體的免疫系統馬上指揮白血球去應戰。白血球屬於免疫細胞，平日會在身體各處巡邏，遇到細菌和病毒時，可把牠們殺掉並吞進肚子。白血球當中的T細胞更有辨識功能，會記住身體遇過的病毒。如再次遇到同樣的敵人，就會馬上發動攻擊。作戰時，白血球會釋出多種細胞激素，當中的熱原素會刺激腦部負責調節體溫的下丘腦，使體溫升高，於是出現發燒。要是免疫系統打贏了，身體自然就會退燒。

為什麼有人說發燒會燒壞腦呢？大概因為以前醫療水平還不高，醫療系統未完善，未必能準確診斷出腦炎、腦膜炎、小兒麻痺症等較嚴重的疾病。加上有些家庭因為經濟或其他問題，生病也不去看醫生，發燒病人得不到適切的治療，使病情惡化。腦炎、腦膜炎等疾病可引起發燒，而且病菌會影響到病人的神經系統，可能傷害到腦部，並出現後遺症。所以，人們就以為發燒會燒壞腦了。

其實大腦會自動調節人體溫度，並控制體溫最高不超過42度。高燒也不過是40至41度左右，不會對腦部有實質的損害。大腦要燒至50至60度，才會使腦部的蛋白質變質，出現「燒壞腦」的問題。所以，發燒本身不會燒壞腦，它只是疾病的症狀之一，那些使腦部感染，並引起嚴重併發症的疾病才是罪魁禍首。

七年後的我們
已經是不同的人？

　　在2,000多年前，一位希臘作家曾經提出一個謎題：一艘船因為維修而要更換船上的木板，如果船上的每一塊木板都被更換過，這艘船還是原本的船嗎？除了船的故事，原來我們的身體也是這樣！這個過程叫做新陳代謝。

　　簡單來說，新陳代謝是人體為了維持生命而發生的化學反應，把食物轉換為能量和養分。我們身體裏的細胞除了通過新陳代謝為我們提供能量，也有奇妙的自我修復能力。試想想，我們不小心跌倒擦損膝蓋後，為什麼過幾天傷口就會自己癒合？這正是因為細胞在修復受損的地方。新陳代謝愈快，細胞的修復時間就愈短。小孩和青年人受

傷後，會復原得比成人和老人快，正是因為他們的新陳代謝比較快。

　　不過，身體裏有這麼多細胞，他們會老、會死亡嗎？答案是會的。細胞會不斷生產、工作、修復，然後衰老和死亡，廢棄的細胞會經汗水或大小便等途徑排出體外。我們身體裏每分每秒都有舊的細胞死去，同時有新的細胞誕生。在我們不知不覺間，身體的細胞都會換成新的。

　　身體裏更換得最快的細胞是腸道細胞，平均2至3天腸道細胞就會更新，而胃部的細胞，也會在7天左右全部更新，可見消化系統的細胞在勤奮地工作呢！至於天天暴露在外的皮膚表層細胞，大約28天更新一遍。有時我們會在皮膚表面擦出像橡皮擦碎屑那樣的污垢，即是我們叫「老泥」的東西，就是死去的皮膚細胞混合汗水等物質產生的，洗澡可以幫助我們洗走這些功成身退的皮膚細胞。

　　可是，其實不是所有人體細胞都會更新的，眼睛就是例外。除了角膜的細胞會更新，眼睛的其他結構例如晶體都不會自我修復，所以我們一定要好好保護眼睛啊！此外，科學家普遍認為腦細胞的數目是固定的，人的腦袋在發育完成後就不會再有新的神經細胞。不過，腦神經科學的專家一直研究不同的動物，試圖找出大腦會不會長出新的神經細胞。如果將來證實大腦也能重生，會是一個重大發現呢！

鼻鼾聲可以比
電鑽聲還要吵？

「呼——呼——」睡房裏傳出陣陣鼻鼾聲，似乎有人睡得很熟呢！你知不知道，有人打鼻鼾的聲音可以比電鑽聲還要吵？原來有鼻鼾聲，可能是患病的警號？我們來了解一下吧！

人在睡覺時，咽喉和鼻腔的肌肉放鬆，可能導致呼吸道變窄。吸入空氣時，如空氣經鼻子進入人體，到咽喉時振動軟組織，就會發出鼻鼾聲。有些人睡覺時會張開嘴巴，用嘴巴呼吸，這比起用鼻子呼吸能吸進更多的空氣，而且空氣直接進到咽喉振動軟組織，會發出較大的聲音，這種鼾聲叫做口鼾聲。

瑞典一個女人因為患有睡眠窒息症，睡覺時發出的鼻鼾聲高達93分貝，比電鑽聲還要大，獲列入《健力氏世界紀錄大全》。據說還有英國一個老婆婆的鼻鼾聲超過111分貝，比飛機低飛時的聲音還要吵呢！這真的是震耳欲聾啊！

如果經常打鼻鼾，或者有很大的鼻鼾聲，就要留意是否是患上睡眠窒息症。據統計，香港的成年人之中，每20個人就有一個患上睡眠窒息症。大部分睡眠窒息症的患者在睡覺時，因呼吸道受到阻塞而暫時停止呼吸，每次可由數秒至1分鐘以上。這時患者的大腦為了要呼吸，逼使患者中斷睡眠。患者醒過來後恢復正常呼吸，但再次入睡時，又會出現窒息，然後再次醒來。這樣反反覆覆，一個晚上可有數十次，甚至過百次，所以患者第二天起牀時會非常疲倦，好像沒有睡過覺一樣。

兒童也有機會患上睡眠窒息症，可是有鼻鼾聲不代表患上睡眠窒息症，只是有睡眠窒息症的人常會發出很大的鼻鼾聲。如果小朋友持續打鼻鼾，經常張大口睡覺，可導致臉部變形，而且長期精神不足，會為小朋友的成長、學習等方面帶來負面影響。

我們在漫畫、動畫片裏看到有人呼呼大睡，發出鼻鼾聲，會覺得他睡得很熟。不過，現實中出現很大的鼻鼾聲，可能是患病的警號，要多加留意啊！

教科書沒有告訴你的奇趣冷知識 人體篇

編 者	明報出版社編輯部
助 理 出 版 經 理	林沛暘
責 任 編 輯	劉紀均
文 字 協 力	陳友娣、杜偉航
繪 畫	Yuthon
美 術 設 計	samwong
出 版	明窗出版社
發 行	明報出版社有限公司
	香港柴灣嘉業街 18 號
	明報工業中心 A 座 15 樓
電 話	2595 3215
傳 真	2898 2646
網 址	http://books.mingpao.com/
電 子 郵 箱	mpp@mingpao.com
版 次	二〇二三年五月初版
I S B N	978-988-8828-44-9
承 印	美雅印刷製本有限公司